◆ 乡村产业振兴提质增效丛书 ◆

花生优质高效生产新技术

临沂市农业科学院组织编写

孙　伟　张学兵　主编

中国农业科学技术出版社

图书在版编目(CIP)数据

花生优质高效生产新技术 / 孙伟，张学兵主编 . --北京：中国农业科学技术出版社，2023.6

ISBN 978-7-5116-6305-4

Ⅰ.①花…　Ⅱ.①孙…②张…　Ⅲ.①花生-栽培技术
Ⅳ.①S565.2

中国国家版本馆 CIP 数据核字(2023)第 104296 号

责任编辑	崔改泵
责任校对	李向荣
责任印制	姜义伟　王思文

出 版 者	中国农业科学技术出版社
	北京市中关村南大街 12 号　　邮编：100081
电　　话	(010) 82109194 (编辑室)　　(010) 82109702 (发行部)
	(010) 82109709 (读者服务部)
网　　址	https://castp.caas.cn
经 销 者	各地新华书店
印 刷 者	河北鑫彩博图印刷有限公司
开　　本	148 mm×210 mm　1/32
印　　张	8
字　　数	242 千字
版　　次	2023 年 6 月第 1 版　2023 年 6 月第 1 次印刷
定　　价	40.00 元

献给中华人民共和国成立 70 周年！

《花生优质高效生产新技术》
编　委　会

资助项目

国家花生产业技术体系临沂综合试验站（CARS-13）项目

浙江大学（临沂）现代农研院项目"高油酸花生新品种筛选及绿色高产栽培技术研究"（2022）项目

序

实施乡村振兴战略，是以习近平同志为核心的党中央顺应亿万农民对美好生活的向往，对"三农"工作作出的重大战略部署。打造乡村振兴齐鲁样板，是党中央赋予山东的光荣使命。临沂作为全国革命老区、传统农业大市，必须抓住机遇、高点定位、勇于担当、科学作为，全力争取在打造乡村振兴齐鲁样板中走在前列。

近年来，全市各级各部门自觉践行"两个维护"，大力弘扬沂蒙精神，立足本职，精准施策，优化服务，强力推进乡村振兴，做了大量富有成效的工作。其中，临沂市农业科学院围绕良种选育、种养技术研发、农产品精深加工、智慧农业推广及沂蒙特色资源保护与开发等领域，依托各类科技园区、优质农产品基地、骨干企业、农业科技平台，突破了多项关键技术，取得了一批原创性的重大科研成果和关键技术，实施了一批重点农业科技研发项目，为全市乡村产业振兴作出了积极贡献。

在庆祝中华人民共和国成立 70 周年之际，临沂市农业科学院又对 2000 年以来取得的科研成果进行认真遴选，并与国内外先进农业技术集成配套，编纂出版《乡村产业振兴提质增效丛书》。该丛书凝聚了临沂农科人的大量心血，内容丰富、图文并茂、实用性强，这对于指导和推动农业转型升级、加快实施乡村振兴战略必将发挥重要作用。

乡村振兴，科技先行。希望临沂市农业科学院在推进"农业科技展翅行动"中再接再厉、再创辉煌，集中突破一批核心技术、创新应用一批科技成果、集成推广一批运营模式，全面提升农业科技创新水平。希望全市广大农业科技工作者不忘初心、牢记使命，聚焦创新、聚力科研，扎根农村、情系农业、服务农民，进一步为乡村振兴插上科技的翅膀。希望全市人民学丛书、用丛书，增强技能本领，投身"三农"事业，着力打造生产美产业强、生态美环境优、生活美家园好的具有沂蒙特色的"富春山居图"。

（中共临沂市委副书记、市长）

2019 年 7 月 29 日

前　　言

　　临沂市农业科学院作为立足临沂、面向黄淮区域的公益性农业科研单位，多年来致力于农作物品种选育、关键生产技术研究、沂蒙特色资源保护与开发利用等工作。临沂市农业科学院花生研究团队主要从事花生新品种选育、高产栽培技术研发及推广工作。主持国家花生产业技术体系临沂综合试验站、山东省花生良种工程、临沂市重点研发项目等国家、省、市级项目6项，获得科技成果22项，在科技核心期刊上发表论文16篇，参加编写山东省地方栽培技术规程2项，主持编写临沂市地方标准4项，推广花生生产新技术10项，在推动临沂市及周边地区花生增产增收、花生产业提质增效，加快乡村振兴工作中发挥了重要作用。

　　本书结合花生生产中遇到的问题，认真总结了近些年推广应用的花生优质高效新技术，编纂了《花生优质高效生产新技术》一书，以期为花生生产的一线技术人员和农民朋友提供参考。

　　本书共分为6个部分：第一章为花生生产概述，介绍了花生栽培史和分布、国内外花生生产现状、花生的营养价值和实用价值、花生产业发展趋势和生产技术需求；第二章为花生种植技术，介绍了黄淮区域当前花生生产上的主推技术；第三章为花生品种选择，介绍了花生品种登记办法、适宜黄淮区域种植的新登记花生品种以及优质品种的主要特性与选择；第四章为花生生产机械应用，介绍了花生生产机械化技术概况、花生生产各环节的机械设备；第五章为花生病虫草害绿色防控，介绍了花生病害、虫害和草害的主要类型及绿色防控技术；附录为国家、行业及地方的相关技术标准。

　　本书是临沂市农业科学院乡村产业振兴提质增效丛书之一，旨在指导提升花生生产效益和提高单产水平。因编者水平所限，不当之处敬请广大读者批评指正。

编者

2023 年 3 月

目　录

第一章　花生生产概述

第一节　花生栽培历史和分布

一、花生栽培历史

花生是重要的油料作物之一。花生别称繁多，据我国有关历史文献记载，先后有万寿果、落花生、落地参、长生果、地豆、千岁子、地果、后花果、番豆等。有研究者粗略统计花生别名至少有16种。花生生长十分有趣，结实方式在油料作物中独具一格，清代王凤九在《汇书》中说，"花生茎叶俱类豆，其花亦似豆花扁色黄，枝上不结实，其花落地，即结实于泥土，奇物也"。花生在地上开花，地下结果，其原因是花生开的花有2种：一种为不孕花，着生在分枝的顶端，不能结实；另一种为可孕花，着生在分枝的下端，经传粉受精后，花瓣逐渐凋谢，其子房柄越长越长，先是向上生长，达到一定的重量后便往下垂，到达地面后就慢慢转入土中，多在二三寸①深的土里结实，故花生被称为"落花生""落地参""地果"。

（一）花生的起源与传播

关于花生的起源，目前世界上公认花生原产于南美洲热带地区。考古学家在沿秘鲁海岸狭长地带的史前遗址中，发现了大量的古代印第安人遗留下来的花生实物。在南美洲，从巴西的北部、东

---

① 1寸≈3.33 cm。全书同。

北部至南纬35°，从安第斯山麓到大西洋海岸，在草原牧场、林间空地都能见到单独或成群分布的野生花生。哥伦布发现美洲之后，花生开始了全球漫游之旅，在16世纪初逐渐被引种到欧洲、非洲、亚洲和北美洲。但长期以来，花生仅在欧洲一些国家的宫廷或花园里作为观赏植物。直到1840年花生被用来榨油，它才在欧洲很多国家被广泛种植。在非洲的几内亚、塞内加尔及东海岸一些地区最初栽培花生，是由去南美洲的奴隶船从巴西带入非洲的，因为花生是当时横渡大西洋的奴隶船的重要食粮。花生在印度从开始栽培到全面发展，也只不过经历了50年的时间，最初仅是在马德拉斯即现在的泰米尔纳都、孟买、迈索尔等地区栽培，用作医药或灯火油、橄榄油的替代品等，虽是近代引入的，但因印度气候适宜，花生又适应于较干旱的沙土地，所以栽培面积增加很快，作为食用油在印度全国普遍栽培，现花生栽培面积居世界第1位。

（二）花生的引进与推广

学界对中国首次引入花生的时间有"唐代引入说""元代引入说""明代中后期引入说"等观点。当前以"明代中后期引入说"为主。花生的引进应是地理大发现后才由美洲传播到世界各地。在面世的中文文献中，对花生开始进行连续性、系统性的记载主要始于16世纪，从时间上来说比较吻合，具有更高的学术可信度。

花生首先被引入闽粤地区，并相继在东南沿海种植。明清时期主要有2个不同花生品种传入中国，其传播时间、路径与传播群体也不尽相同。哥伦布的航海发现使小花生品种在大航海时代经由东南亚传入中国。从文献的考证来看，小花生品种应该在明代崇祯年间才初次传入中国，而不是学术界长期认定的弘治或万历年间。早期引进的品种为龙生型小粒花生，"性宜沙地，且耐水淹，数日不死"（《滇海虞衡志》）。正因为该品种对自然环境的极强适应力，在最初引种的福建，花生多种植在贫瘠的丘陵沙质土壤中，根瘤具有固氮作用，因此《种植新书》记载："地不必肥，肥则根叶繁茂，结实少。"但在种子收藏和播种上"性畏寒，十二月中起，以蒲包藏暖处，至三月中种，须锄土极松"（《戒庵老人漫笔》）；在栽培管理上要求"横枝取土压之，藤上开花，花丝落土成实"（《物理小识》）、"以沙压横枝，则蔓上开花"（《广东新语》）。在收获时要"掘取其根，筛出子，洗净晒干"（《中外农学合编》）。如果按照这种栽培方式，既费时又费工，大规模的种植花生是不容易的，因此花生种植规模无法扩大，致使种植技术在很长一段时间内并没有多大的改良。

一百多年后，美国大花生引进中国，改变了蔓生的植物性状，引入了直立的丛生花生，这种植株形态的花生种植方法简单，易于收获。因而在引种地山东的丘陵地区开始广泛种植，并逐渐成为最集中的大花生种植区，后逐渐推广到了全国大部分花生种植地区。在花生迅速传播的同时，花生种植技术也在不断地改良。长日照植物花生一年只收一季，虽不宜连作，但适合与各种粮食作物轮作，能够实现双赢。事实上花生的产量高于绝大多数的粮食作物，实乃救荒、榨油之佳品，出油率"花生百斤[②]，可榨油三十二斤"（《抚郡农产考略》）。

二、花生的分布

（一）起源分布

落花生属有 60~70 个种，迄今已收集到并经鉴定的有 21 个种。其中大多数是二倍体种（$2n=20$）。栽培花生是 2 个二倍体自然加倍的异源四倍体（$2n=40$）。根据花生多样性品种类型的集中情况，玻利维亚南部、阿根廷西北部和安第斯山麓的拉波拉塔河流域，可能是花生的起源中心。

欧洲文献中最早记载花生的是西班牙的《西印度自然通史》。中国有关花生的记载始见于元末明初贾铭所著的《饮食须知》，其后许多书籍不但记载有花生的生物学特性，而且有地理分布等

---

② 清代 1 斤 ≈597 g。

记载。

（二）国内分布

花生是中国三大油料作物之一，种植区域十分广阔，全国除青海、宁夏外都有种植，在保障我国食用油安全方面起着重要的作用。花生性喜温、喜光、耐旱、耐瘠，是短日照作物。发芽所需的最低温度为12~13 ℃，生产所需最低温度为15 ℃，正常生产所需温度在20 ℃以上，成熟期最适宜温度为31~33 ℃，最高温度为37~39 ℃。花生较耐旱，但要获得高产，也需要有足够的水分。最适宜花生生长的土壤是沙壤土。根据花生的生长特性，万书波等将我国花生生产区划分为七大花生种植区域。划分的主要依据是花生的种植和生产发展变化情况、地理位置、地貌类型、气候条件、品种生态分布、栽培耕作制度等。

（1）黄河流域花生区。黄河流域花生区是全国最大的花生生产区域，种植面积最大，总产量最高。该区无论是气候条件还是土壤条件都比较适合花生生长，种植花生的土壤多为丘陵沙土和河流洪积/冲积平原沙土。栽培制度为一年一熟、两年三熟或一年两熟制。该区适宜种植普通型、中间型和珍珠豆型品种。

（2）长江流域花生区。该区是我国春、夏花生交作，以麦套、油菜间花生为主的产区。该区自然资源条件好，有利于花生生长发育。花生生育期积温为3 500~5 000 ℃·d，日照时数一般为1 000~1 400 h，最高达到1 600 h，最低800 h，降水量一般在1 000 mm左右，最高可达1 400 mm，最低为700 mm。种植花生的土壤多为酸性土壤、黄壤、紫色土、沙土和沙砾土。该区中的丘陵地和冲积沙土地多为一年一熟和两年三熟制，以春花生为主；南部地区及肥沃田地，多为两年三熟和一年两熟制，以套种或夏直播花生为主，南部地区有少量秋植花生。该区适应种植普通型、中间型和珍珠豆型品种。

（3）东南沿海花生区。该区是我国最早种植花生且能春、秋两作的花生主产区。花生主要种植在海拔50 m左右的地区，主要分布在东南沿海丘陵地区和沿海、河流冲积地区。广西的西北部和福建的戴云山等地分布较少。该区高温多雨，水热资源丰富，居全国之冠。种植花生的土壤多为丘陵红壤和黄壤以及海、河流域冲积沙土。栽培制度受气候、土壤、劳动力等因素的影响而比较复杂，以一年两熟、一年三熟、两年五熟的春、秋花生为主。海南可种植冬花生。该区适宜种植珍珠豆型品种。

（4）云贵高原花生区。该区为高原山地，地势西北高、东南低、高低悬殊。山高谷深，江河纵横，气候垂直差异明显。花生多种植于海拔 1 500 m 以下的丘陵与半坡地带。土壤以红壤和黄壤为主，土质多为沙质土壤，酸性强。气候条件差异较大，花生生育期积温为 3 000~8 250 ℃·d，日照时数为 1 100~2 200 h，降水量为 500~1 400 mm。有干、湿季之分，以云南较为明显，降水多集中在 5—10 月。栽培制度以一年一熟制为主，部分地区为两年三熟或一年两熟制，元江、元谋、芒市、河口和西双版纳等地可种植春、秋两作花生。该区适宜种植珍珠豆型品种。

（5）黄土高原花生区。该区地势东南低、西北高，海拔高度为 1 000~1 600 m，散布在山麓地带和黄土高原上的沟壑密集区，多分布于地势较低地区。土质多为粉沙，疏松多孔，水土流失严重。花生生育期积温为 2 300~3 100 ℃·d，日照时数为 1 100~1 300 h，降水量为 250~550 mm，降水多集中在 6—8 月。栽培制度为一年一熟制。该区适宜种植珍珠豆型和多粒型品种。

（6）东北花生区。该区种植花生的地区多为海拔 200 m 以下的丘陵沙地和风沙地。花生生育期积温 2 300~3 300 ℃·d，日照时数为 900~1 450 h，降水量为 330~600 mm，东南多，西北少。栽培制度为一年一熟或两年三熟制。适宜种植品种由南向北，依次为中间型、珍珠豆型、多粒型。

（7）西北花生区。该区地处我国大陆西北部，北、西为国界，南至昆仑、祁连山麓，东至贺兰山。该区地处内陆，绝大部分地区属于干旱荒漠气候，温度、水分、光照、土壤资源配合有较大缺陷。种植花生的土壤多为沙土。区内气候差异较大，南疆、东疆南部和甘肃西北部花生生育期积温为 3 400~4 200 ℃·d，日照时数为 1 300~1 900 h，降水量仅为 10~73 mm。甘肃东北部、宁夏中北部，新疆的北疆南部等地区花生生育期积温为 2 800~3 100 ℃·d，日照时数为 1 400~1 500 h，降水量仅为 90~108 mm。甘肃河西走廊北部，新疆的北疆北部部分地区花生生育期积温为 2 300~2 650 ℃·d，日照时数为 1 150~1 350 h，降水量为 61~123 mm。该区温光条件对花生生长发育有利，但雨量稀少，不能满足花生生长发育所需，必须有灌溉条件才能种植花生。栽培制度为一年一熟制。

第二节　国内外花生生产现状

在全球五大油料作物中，花生产量仅次于大豆、油菜籽和葵花籽，排名第 4 位。中国花生种植面积仅次于印度，居世界第 2 位；中国花生的总产量占世界总产量的 40% 左右，居世界之首。我国花生品种资源丰富、种植范围广，主要集中在黄淮海流域、东南沿海及长江流域，河南、山东、河北、广东、安徽、湖北、四川、吉林、辽宁和广西等省区是我国花生的主产区。在国内大田作物（粮、棉、油）中，花生的种植面积居第 7 位，但单位面积效益较高，其总产值已跃居到第 4 位（仅次于三大谷类粮食）。在国内油料作物中，花生的种植面积和总产分别占油料种植面积和总产的 19.14% 和 30.63%，种植面积居第 3 位（大豆、油菜、花生），但花生总产量是我国八大油料（花生、大豆、油菜籽、棉籽、葵花籽、油茶籽、亚麻籽和芝麻）产量之首。

一、花生播种面积、单产及总产情况

21 世纪以来，受消费驱动，全球花生种植面积及产量稳步增长。美国农业部（USDA）数据显示，2001—2020 年，全球花生种植面积由 2 325 万 hm² 增加到 3 066.67 万 hm²，增长 31.9%；总产量由 3 474 万 t 提高到 4 778 万 t，创历史新高，增长 37.5%。2019年，亚洲、非洲、美洲三大洲花生面积、产量占全球的 99%。其中：非洲花生种植面积 1 411 万 hm²，总产量 1 274 万 t，占全球面积的 51% 和产量的 29%，主产国为尼日利亚、苏丹、乍得、塞内加尔；亚洲花生种植面积 1 218 万 hm²，总产量 2 664 万 t，占全球面积的 44% 和产量的 61%，主产国为印度、中国和缅甸；美洲花生种植面积 135 万 hm²，总产量 457 万 t，占全球面积的 4.9% 和产量的 10%，主产国为美国、阿根廷和巴西。

中国、印度、尼日利亚、美国和苏丹是全球花生生产规模最大的 5 个国家，收获面积和总产分别占全球的 55.30% 和 70.15%。在花生主产国中，中国、印度一直稳居前 2 位，其中，中国花生生产发展迅速，自 1993/1994 年度起成为世界花生第一生产大国。印度种植面积大但单产低，花生生产能力低于中国，一直稳居世界花生第二主产国的位置。中国、印度两国花生合计产量占世界总产量的比例超过 50%。尼日利亚、美国的花生产出水平仅次于中国、印度两国，分别为世界第三、第四花生主产国。苏丹、缅甸、阿根廷的花生产出水平较为接近。印度尼西亚、塞内加尔、坦桑尼亚的花生产量也在 100 万 t 左右，分别占世界总产量的 2% 左右。

近半个世纪以来，各国通过改良花生品种、提高农业生产科技水平、增强农业基础设施建设等措施，均使得花生单产得到明显提高，但各国的单产水平仍差异明显。从 2016/2017 年度的单产水平看，尼加拉瓜、美国、阿根廷、巴西、中国、土耳其、埃及等国花生单产水平相对较高，均在 3 000 kg/hm² 以上，其中尼加拉瓜单产水平 4 440 kg/hm²，为世界平均水平的 2.6 倍。中国花生单产水平持续提升，2016/2017 年度达到 3 663.2 kg/hm²，为世界平均水平的 2.1 倍。花生单产的提高是中国花生产量增加的重要因素，贡献度为 70% 以上。

目前，我国花生种植主要集中在华北黄淮地区、长江流域、东北地区及华南地区，并以河南、山东、河北、吉林、辽宁、安徽、湖北、广东、四川等省份为主。山东曾经是全国花生产量最大的地区，2002 年河南花生产量首次超过山东，但此后的 3 年，山东花生产量增幅高于河南，2006 年河南花生产量再次超过山东后，一直居于全国第 1 位。近年来，由于河南各级政府的高度重视，花生种植面积及单产水平不断提高，花生产量增长迅猛。2020 年河南花生种植面积达到 126.2 万 hm²，产量达到 594.9 万 t，占全国花生总产量的 33.1%，是我国最大的商品化花生种植基地；山东省种植面积达到 65.09 万 hm²；广东和辽宁种植面积均超过 30 万 hm²；种植面积在 8 万~28 万 hm² 的省份由大到小依次为四川、湖北、河北、吉林、广西、江西、安徽、湖南、江苏（表 1-1）。北方花生产区是国内最主要的产区，仅河南、山东、辽宁、河北、吉林 5 省，种植面积就达到 270.41 万 hm²，占全国的 57.16%，总产 1 155.3 万 t，占全国的 64.24%。目前，我国花生育种水平和种植技术处于世界先进水平，花生单产一直位于世界前列。2019 年我国花生单产达到 3 768 kg/hm²，是世界平均水平（1 688 kg/hm²）的 2.23 倍。花生也是国内油料单产水平最高的品种，2019 年我国油菜籽、葵花籽和大豆平均单产分别为 2 208、2 706、1 939 kg/hm²，远低于花生平均单产水平。

表 1-1　2020 年中国花生种植面积、总产、单产统计表

省份	面积/ 万 hm²	面积占全国 /%	总产/ 万 t	总产占全国 /%	单产/ （kg/hm²）	单产较全国 平均水平增加 /%
全国	473.07		1 799.3		3 803	
河南	126.18	26.67	594.9	33.06	4 715.0	23.98
山东	65.09	13.76	286.6	15.93	4 404.0	15.80
广东	34.76	7.35	112.1	6.23	3 224.0	-15.22
辽宁	30.62	6.47	98.7	5.49	3 225.0	-15.20

（续表）

省份	面积/ 万 hm²	面积占全国 /%	总产/ 万 t	总产占全国 /%	单产/ （kg/hm²）	单产较全国 平均水平增加 /%
四川	28.34	5.99	73.8	4.10	2 603.0	-31.55
湖北	24.87	5.26	87.1	4.84	3 502.0	-7.91
河北	24.60	5.20	96.8	5.38	3 935.0	3.47
吉林	23.92	5.06	78.3	4.35	3 274.0	-13.91
广西	22.33	4.72	69.2	3.85	3 100.0	-18.49
江西	17.14	3.62	50.9	2.83	2 969.0	-21.93
安徽	14.58	3.08	72.3	4.02	4 960.0	30.42
湖南	11.27	2.38	29.9	1.66	2 653.0	-30.24
江苏	9.97	2.11	40.6	2.26	4 075.0	7.15
福建	7.32	1.55	21.7	1.21	2 962.0	-22.11
重庆	6.31	1.33	14.1	0.78	2 234.0	-41.26
内蒙古	5.34	1.13	15.9	0.88	2 969.0	-21.93
贵州	4.73	1.00	11.7	0.65	2 484.0	-34.68
云南	4.34	0.92	7.6	0.42	1 753.0	-53.90
陕西	3.80	0.80	12.4	0.69	3 261.0	-14.25
海南	2.99	0.63	7.6	0.42	2 540.0	-33.21
黑龙江	1.98	0.42	8.7	0.48	4 418.0	16.17
浙江	1.70	0.36	5.2	0.29	3 043.0	-19.98
山西	0.48	0.10	1.3	0.07	2 774.0	-27.06
新疆	0.18	0.04	0.9	0.05	4 936.0	29.79
北京	0.09	0.02	0.3	0.02	2 966.0	-22.01
天津	0.07	0.01	0.3	0.02	4 001.0	5.21
甘肃	0.04	0.01	0.2	0.01	4 250.0	11.75
上海	0.02	0	0.1	0.01	2 890.0	-24.01
西藏	0.01	0	0	0	3 553.0	-6.57
青海	0	0	0			
宁夏	0	0	0			

注：数据来源于《中国统计年鉴》（2021）。

二、花生加工利用情况

花生是优质食用油的生产原料。花生仁（通常称为"花生米"）占花生总质量的 67%~73%，脂肪含量约为 50%。在我国八大油料作物中，花生仁的脂肪含量仅次于芝麻，高于大豆、油菜籽和棉籽。花生产量的不断提高推动了我国花生加工利用总量的增加，利用的途径和范围也逐步拓宽，榨油仍是花生利用的主要途径。用花生仁制取的花生油，不仅具有我国消费者喜爱的香味，而且富含甾醇、胆碱、维生素 E 和白藜芦醇等功能性活性物质，是我国百姓公认的优质中高端食用油。在过去 20 年中，花生榨油消费量占花生消费总量的比例在 44%~50%。2006/2007 年度我国花生榨油消费量占比降至 43.9%，当年花生产量大幅下滑，花生油价格走高导致需求降低，抑制了花生榨油消费需求。近几年来，随着我国花生产量的增加，榨油消费量持续增加，2017/2018 年度花生榨油消费量占比达到 49.4%。据美国农业部提供的数据，全球 2017/2018 年度用于榨油的花生为 1 723 万 t，制得的花生油为 595 万 t，全球用于榨油的花生量为其总产量 4 195 万 t 的 41.1%。由此可见，我国用于榨油的花生比例高于全球平均用于榨油的花生比例。

花生不仅是优质食用油的生产原料，也是优质食品的生产原料。在西方国家，花生作为人类食用蛋白质的来源日益得到重视，食用比例则呈逐年增加之势，而作为油料作物其地位不断下降。花生是我国百姓中用量最大、食用最普遍、消费者最喜爱的干果食品。据统计，20 世纪 90 年代我国花生年均用于榨油比例占国内花生利用总量的 58%，较 80 年代降低了 6 个百分点，而用于花生食品加工和直接食用的占国内花生利用总量的比例年均为 42%，比 80 年代相应地增加了 6 个百分点。20 世纪 90 年代以来，随着花生加工产业的不断发展，各类花生食品大量涌现，花生总产中用于榨油的比例逐年下降，而用于食品加工和直接食用的比例逐年上升。我国花生食品种类繁多，如各类炒烤花生果，油炸花生米，五香、草香、奶油花生米，咸花生，花生酱，以及琥珀花生、花生酥、花生粘、鱼皮花生等众多花生食品和花生糖果，这些琳琅满目的产品都是我国百姓喜爱的花生食品。

由于我国花生产区及加工区域较为集中，花生产业呈现"东北及鲁豫生产、山东及河南加工"的特征。山东为我国花生主要加工集散中心，河南次之。故除吉林、辽宁花生流入山东外，河南也有部分花生流入山东进行加工。

三、花生进出口贸易情况

全球花生贸易结构波动大，主要出口国家竞争激烈，主要进口国家增多导致集中度下降。全球花生进出口量从 2010 年开始迅速增长，2019 年全球花生出口量达 257.52 万 t。美洲、亚洲和非洲是主要的花生出口地区，欧洲和亚洲是主要的花生进口地区。欧洲花生进口量长期保持全球第一，亚洲在 2010 年后进口量增势明显，截至 2019 年已成为各大洲之首，美洲进口量全球占比约 14.3%。在以往全球花生贸易格局中，欧盟、印度尼西亚一般分别作为世界前两大花生进口地区和国家，印度、阿根廷、美国和中国是传统花生出口国。

因花生产业属于劳动密集型产业，中国花生产品以其价格优势，曾一度成为世界第一大出口国，但受近年来国内需求的刚性增长、印度等出口国的国际市场占有率稳步上升的影响，中国花生产品的国际贸易规模被不断压缩。2014 年之前，我国几乎不进口花生，从 2014 年开始我国花生进口量呈现稳步增长态势，并逐渐向全球最大的花生进口国方向发展，在 2019 年以 41.21 万 t 跃居全球进口国第 1 位。

我国花生的国际贸易主要包括带壳花生、去壳花生、花生制品等不同的品类。2009/2010 年度以前我国花生进口量一直维持在 1 万 t 以下；2014/2015 年度由于国际市场花生价格远低于国内，导致花生进口量快速增长，当年进口量达到 15 万 t，占全球花生进口量的 6%；2015/2016 年度进口量上升至 45 万 t，同比增长 2 倍，创历史最高纪录，约占全球花生进口量的 14%。2018 年我国花生价格大幅下跌，导致花生进口量连续 2 年下降。2019 年下半年国内花生价格大幅上涨，花生进口量开始呈现增加趋势，2020 年上半年我国进口去壳花生 57.2 万 t，进口带壳花生 18.4 万 t，均创同期历史最高纪录。除了进口去壳和带壳花生外，我国还进口部分烘焙花生、花生酱、花生米罐头等，但进口量都不大。从进口来源国看，我国带壳花生的进口几乎全部来自美国，去壳花生的进口则主要来自塞内加尔、埃塞俄比亚，花生米罐头进口主要来自泰国和美国，烘焙花生进口的来源国较多，包括美国、印度尼西亚、泰国等，但自各国进口的数量都不大。我国花生及其产品出口全球 80 多个国家，出口主要集中于欧洲和亚洲，但最近几年对其他洲的出口量不断增加，尤其是对北美和俄罗斯出口增加明显。在亚洲，我国花生主要出口日本和东盟国家。2018 年墨西哥是我国带壳花生最大的出口国，其次是日本、德国、西班牙、荷兰、意大利、葡萄牙、波兰。

第三节　花生的营养价值和实用价值

一、花生的营养价值

花生学名为"落地花生"，民间称为长生果等，属豆科作物、素有"中国坚果""绿色牛奶"和"素中之荤"的美誉，由于花生的营养丰富而被誉为"植物肉"，是高蛋白（含 32%）的油料作物。干种仁含脂肪 50% 左右，出油率达 44% 以上。研究发现，花生富含蛋白质、脂肪、碳水化合物、粗纤维、微量元素等（表 1-2），还含有少量的 β-谷甾醇、白藜芦醇、植物异黄酮、辅酶 Q 等，同时存在一定的抗营养因子，如胰蛋白酶抑制因子、脂肪氧化酶、甲状腺肿素、植酸、草酸等。

表 1-2 花生各部位营养成分　　　　　　　%

成分	花生壳	籽仁		
		子叶	种皮	胚芽
水分	5.00~8.00	5.00~8.00	9.01	—
蛋白质	4.8~7.2	27.6	11.0~13.4	26.5~27.8
脂肪	1.2~2.8	52.1	0.5~1.9	39.4~43.0
碳水化合物	10.6~21.2	13.3	48.3~52.5	—
淀粉	0.7	4.0	—	—
半纤维素	10.1	3.0	—	—
粗纤维	65.7~79.3	—	21.4~34.9	1.6~1.8
灰分	1.9~4.6	2.44	2.1	2.9~3.2

（一）蛋白质

营养学观念一般认为植物蛋白的营养价值低于动物蛋白，但近年研究发现，植物蛋白对人体健康发挥着动物蛋白不可比拟的生理作用，主要表现在以下几个方面：①对肝炎后进行性肝硬化的营养支持作用；②降低胆固醇的作用；③对心血管系统的有益作用；④抗肿瘤作用；⑤对肾脏病的有益作用。加之花生植物蛋白质资源丰富、价廉易得，因此已经成为国内外食品研究开发的热点。在植物蛋白质中，花生蛋白质在数量上、营养上仅次于大豆蛋白质，是较理想的食用蛋白质来源。花生中蛋白质的含量为 24%~36%，与几种主要油料作物相比，仅次于大豆而高于芝麻和油菜。花生经脱脂后，其蛋白质含量可达 55%，如用水溶法脱脂，蛋白质含量可达 70%，比脱脂大豆粉（50%）、鸡蛋（15%）、小麦粉（13%）和牛乳（3%）等蛋白质含量高。

1. 花生蛋白质的组成与结构

花生蛋白质中约有 10% 是水溶性的，称作清蛋白；其余 90% 为球蛋白，是由花生球蛋白（Arachin）和伴花生球蛋白（Conarachin）组成，二者的比例大约是（2~4）：1。Arachin 是花生的贮藏蛋白，占花生成熟种子的 50%以上，分为 Arachin I 和 Arachin II，Arachin I 为单体，Arachin II 是由 2 个相同弧基组成的二聚体，各个亚基的分子量均为 180 kDa。Yamada 等利用蔗糖梯度密度离心及电泳分析表明，可溶性花生蛋白包含 5 种组分，分别为 2S、5S、9S、14S 和 19S 蛋白，其中 2S 和 5S 含有多种蛋白质，但不包括 Arachin 和 Conarachin II，9S 蛋白主要由 Conarachin II 组成，14S 蛋白主要由 Arachin I 和 Arachin II 组成，19S 蛋白由可溶性的 Arachin 聚合物组成。林鹿等通过十二烷基磺酸钠—聚丙烯酰胺凝胶电泳（SDS-PAGE）分析表明，花生的 2S 蛋白主要由 6 个亚基组成，分子量分别为 12.5、13、14、15.5、16.5、17 kDa；韦一能等采用聚丙烯酰胺凝胶电泳（PAGE）、醋酸纤维薄膜电泳、等电聚焦和等电聚焦后分别取不同等电点的蛋白质进行 PAGE 和 SDS-PAGE 分析，结果显示花生蛋白质有 2 种主要组分和 1 种次要组分。杨晓泉等通过 SDS-PAGE 分析显示花生的盐溶蛋白主要由花生贮藏性蛋白质组成，包括花生球蛋白（40.5、37.5、19.5 kDa）、伴花生球蛋白（61 kDa）和 2S 蛋白（15.5、17、18 kDa）。SDS-PAGE 分析显示花生球蛋白有 2 个酸性亚基和 3 个碱性亚基组成，伴花生球蛋白仅有 1 个弧基，而 2S 蛋白则由 6 个多肽组成；其通过激光质谱法测定了花生 2S 蛋白中各组分的分子量，确认组成 2S 蛋白的 6 个主要多肽是以离解形式而非弧基形式存在。

2. 花生蛋白质的营养特性

花生蛋白质的生物价（BV）为 58，蛋白效价（PER）为 1.7（酪蛋白为 2.5），比面粉（1.0）和玉米（1.2）的高，真消化率（TD）为 87%，易被人体消化和吸收；通过对不同地区生产的 8 种不同品种的花生研究表明，花生球蛋白的氨基酸质量分数为 31%~38%，伴花生球蛋白的氨基酸质量分数为 68%~82%。

近年来，随着科学技术的不断进步和现代食品加工业的迅速发展，花生的食用价值和营养价值越来越受到人们的重视，从花生种质资源看，蛋白质含量最高为 36.31%，最低为 12.48%，平均为

27.24%。同时，从目前全国大面积种植的花生品种看，多数蛋白质含量为26%~30%，说明花生属于高蛋白质含量的食物，是人类蛋白质食品的重要来源之一。花生本身是高能、高蛋白和高脂类的植物性食物。花生蛋白中含有20多种氨基酸，其中谷氨酸和天门冬氨酸含量最高，这2种氨基酸对促进脑细胞发育和增强记忆力有良好的作用。赖氨酸是防止过早衰老的重要成分，有益于人体延缓衰老。

此外，花生蛋白中含有大量人体必需的8种氨基酸和婴幼儿必需的组氨酸，赖氨酸含量比大米、小麦、玉米高，其有效利用率高达98.8%，而大豆蛋白中赖氨酸的有效利用率仅为78%。Pancholy等研究表明，在花生种子的8种必需氨基酸成分中，限定的氨基酸有赖氨酸、蛋氨酸和苏氨酸。花生蛋白的必需氨基酸组成不均衡，限制性氨基酸较多。第一、第二、第三限制性氨基酸分别为赖氨酸、苏氨酸和含硫氨基酸，按照必需氨基酸组成模式评价，其得分分别为64、65和69分，由于这3种氨基酸的限制值较大，限制程度接近，因此在花生蛋白中单一补充某一种限制性氨基酸，其营养价值改善并不明显。同时，由于花生蛋白中的限制性氨基酸与多数植物蛋白的限制性氨基酸相同，所以简单地将花生蛋白与其他植物蛋白配合也不一定能起到改善营养的作用。

（二）脂肪

花生脂肪（油脂）含量平均为44.68%，属高脂肪含量食物。从花生种质资源看含量最高为59.80%，最低为39.0%，平均为50.27%。花生油不饱和脂肪酸占80%（油酸占50%~70%，亚油酸占13.29%），饱和脂肪酸占20%（棕榈酸占6.11%，硬脂酸2.6%，花生酸5.7%），在花生油中还含有植物固醇、磷脂等。目前，生产上种植的花生品种脂肪含量一般为48%~52%，而且花生油熔点低，易消化，在室温下呈液状，消化率达98%，所以花生是人类膳食中的重要脂肪来源之一。随着人民生活水平的不断提高，人们的保健意识不断加强，花生油的需求量逐渐加大。美国发布的《膳食指南》指出，花生所含的脂肪绝大部分都是不饱和脂肪酸，并且不含胆固醇。此类不饱和脂肪酸有"动脉清道夫"的美誉，可以显著降低总胆固醇和有害胆固醇含量，对心血管疾病有很好的预防作用。

但是，不同品种和不同栽培条件下，在花生脂肪中，不饱和脂肪酸、必需脂肪酸和亚油酸含量有所不同。如亚油酸含量，早熟品种一般为40%左右，中熟品种一般在35%左右。另外，有研究比较了不同油料作物中脂肪酸含量和比例，结果表明花生的不饱和脂肪酸含量与橄榄等油脂油料作物大致相当。花生脂肪的品质主要取决于脂肪酸的组成及其配比，花生脂肪酸组分可分为不饱和脂肪酸和饱和脂肪酸两类，不饱和脂肪酸包括油酸（$C_{18:1}$，占34%～68%）、亚油酸（$C_{18:2}$，占19%～43%）、花生烯酸（$C_{20:1}$，占0.34%～1.90%），共占80%以上，饱和脂肪酸包括棕榈酸（$C_{16:0}$，占6.0%～12.9%）、硬脂酸（$C_{18:0}$，占1.7%～4.9%）、花生酸（$C_{18:1}$，占1.00%～2.05%）、山嵛酸（$C_{20:0}$，占2.3%～4.8%）、十七烷酸（$C_{17:0}$，一般占0%～0.1%）、二十四烷酸（$C_{24:0}$，一般占1%～2.5%）等。油酸、亚油酸是花生油脂肪酸组成中含量最多的两种，共约占总量的80%。此外，花生油内还含有一些次要的脂肪酸，如辛酸、葵酸、月桂酸、豆蔻酸、棕榈烯酸等。花生油中不含芥酸，特别有利于人体的吸收和消化。

花生油为世界上五大食用油之一，也是人们喜爱食用的高级烹调植物油，无需精炼，即可食用。亚油酸是人体不能合成的必需脂肪酸，必须从食物中获得以满足生理营养的需要，其对调节人体生理功能，促进生长发育，预防疾病有不可替代的作用，特别是对降低血浆中胆固醇含量、预防高血压和动脉粥样硬化有显著的功效。亚油酸可使人体内胆固醇分解为胆汁酸排出体外，避免胆固醇在人体内沉积，降低因高胆固醇而发病的可能，能够防止冠心病和动脉粥样硬化。花生油中除含有对人体健康具有重要价值的脂肪酸外，还含有植物固醇和磷脂等。医学上已将花生油用作治疗气喘病、黄疽型肝炎等多种疾病的药物载体。最近，营养学家研究指出，含单不饱和键的油酸在降低血浆中胆固醇方面具有与亚油酸同样的功效。

姜慧芳等分析了中国 4 000 多份花生资源的含油量及脂肪酸组成，供试花生的平均含油量 50.57%，油酸和亚油酸的含量占总脂肪酸含量的 80% 以上，国外引进品种的含油量高于国内品种，珍珠豆型含油量高于其他类型花生，并筛选出高油份资源 188 份（脂肪>52%），优质脂肪资源 50 份；陈永水报道了福建省品种资源脂肪酸组成，以油酸含量最高，平均为 44.40%，其次为亚油酸，平均为 33.99%，合计 80% 左右，且品种间的差异明显。

许多研究认为，油酸/亚油酸比值（O/L）是体现油脂稳定性的指示性指标，对花生及其制品出口尤为重要，国际贸易中也把 O/L 值作为花生及其制品耐贮藏性的指标，O/L 值越高，其花生制品的贮藏稳定性越好，反之，则越差。吴兰荣等对 15 份高 O/L 值花生种质进行了不同年份异地种植测试分析，以明确不同条件下各品种 O/L 值的稳定性，并对其中表现突出的 6 份种质作了评价，O/L 值表现为珍珠豆型>普通型>龙生型，油酸含量基本表现为珍珠豆型>龙生型>普通型，亚油酸含量基本表现为普通型>龙生型>珍珠豆型。李海等通过研究不同品质油脂的脂肪酸组成获得更准确可靠的油脂品质判断模式及指标，结果表明，不饱和脂肪酸总量与饱和脂肪酸总量的比值可作为判断花生油品质的指标。但是，亚油酸含 2 个不饱和键，化学性质不稳定，容易酸败变质，致使花生及其制品不耐贮藏，货架寿命短，不受食品制造商和消费者欢迎。这与其优良的营养品质有不可调和的矛盾。近几年来，营养学家研究指出，含单不饱和键的油酸在降低血浆中胆固醇等方面与亚油酸同样有效。因此，提高油酸含量，降低亚油酸含量，以提高 O/L 值，是两全其美的措施。

（三）碳水化合物

花生仁中的碳水化合物主要是淀粉（4%）、二糖（4.5%）、还原糖（0.2%）、戊聚糖（2.5%）。花生籽仁中碳水化合物含量因品种、成熟度和栽培条件的不同而不同，其变幅在10%~30%之间。碳水化合物中淀粉约占4%，其余是游离糖，分为可溶性和非可溶性。Basha等（1991）研究表明，花生籽仁中可溶性糖主要有蔗糖（5.4%）、葡萄糖（4.76%）、水苏糖（0.5%）和棉子糖（0.03%），而非可溶性糖则主要有氨基葡糖（21%）和阿拉伯糖（0.6%），果糖则是样品分析过程中由于低聚糖降解的产物。由于花生蛋白中棉子糖和水苏糖含量很低，相当于大豆蛋白的1/7，食用后不会产生腹胀、嗝气等不良表现。

鲜花生的典型甜味和轻微的"绿生"气是由高含量的糖和一定的挥发性有机成分产生的；花生中蔗糖含量的多少与焙烤花生果（仁）的香气和味道有密切关系。据报道，花生中的蔗糖是美拉德反应（与氨基酸的反应）中主要的碳水化合物成分，是烘烤产品褐色的来源，国内也有相关的报道；在花生及其制品中，其可溶性糖的含量影响着花生烘烤风味和口感。一般情况下花生及其制品的含糖量越高，其烘烤风味越佳，口感越好。

（四）微量营养素

花生中富含微量营养素，包括叶酸、维生素E、硫胺素、核黄素、烟酸、镁、钙、铜、钾、硒、磷、铁、锌、锰等10多种维生素和20多种矿物元素。

花生仁中维生素含量较丰富，每100 g花生仁中含维生素 B_1 1.03 mg、维生素C 2 mg、胡萝卜素0.04 mg。维生素E、烟酸、叶酸、B族维生素、镁、钙、铜、钾等微量营养素的含量丰富。儿童食之可促进脑细胞发育，对中老年人有很强的滋补保健和延年益寿作用，尤其可防老年痴呆症。花生中的维生素K有止血作用，花生红衣的止血作用比花生仁高出50倍，对多种出血性疾病都有良好的止血功效。

花生含有维生素E，能增强记忆，抗老化，延缓脑功能衰退，滋润皮肤。花生含有的维生素C具有降低胆固醇的作用，有助于防治动脉硬化、高血压和冠心病。花生中的微量元素——硒可以防治肿瘤类疾病，同时硒也是降低血小板聚集，预防和治疗动脉粥样硬化、心脑血管疾病的有效成分。不同栽培环境和品种来源的花生中硒含量存在一定的差异。刘波静对浙江省27种粮油食品中铜、锌、铁、硒等10种微量元素含量水平进行了测试，结果表明，在植物性食物中以豆类及花生微量元素含量最高。

花生仁中的矿物质含量约为3%，其中以钾、磷含量最高，其次为镁、硫、钙和铁、锌等元素。钙是构成人体骨骼的主要成分，花生中钙含量较高，多食花生，可以促进人体的生长发育。锌是人体不可缺少的微量元素，在人体内是20多种酶的辅助剂，特别是对儿童和老年人的身体具有重要的保健作用。缺锌易导致人体抗病能力下降，记忆力减退，甚至出现早衰和寿命缩短等严重问题，在儿童身上表现为发育不良或智力迟纯，甚至可以引发脑畸形。新的研究成果表明，每100 g花生油中锌元素含量为8.48 mg，分别是大豆精炼油的37倍、菜籽油的16倍、普通豆油的7倍。

（五）抗营养因子

胰蛋白酶抑制剂（PTI）是一类可以抑制胰蛋白酶水解活性的小分子多肽，普遍存在于植物的贮藏器官中，如种子、块根和块茎，特别是豆科、禾本科及茄科植物。花生中普遍存在的花生胰蛋白酶抑制剂是花生的主要抗营养因子，会导致花生制品蛋白质的消化率降低，但是经过热加工后，其容易被破坏而失去活性。因此，PTI是衡量花生营养价值高低的一个重要因素。当前对胰蛋白酶抑制剂的研究主要集中在豆类及其制品上，而对花生PTI的研究相关报道较少。同豆科植物一样，花生中也具有较大比重的胰蛋白酶抑制剂，据测定它们的相对分子量在8 300左右，属于Bowman-Birk家族，并且是对胰蛋白酶和凝乳蛋白酶都有抑制作用的双头抑制剂。Suzuki还对PTI三维立体结构进行了观测，发现其晶体是相互对称的哑铃型的四聚体。杨晓泉等提取并纯化了PTI，研究其聚合形式及热稳定性等性质，并采用各种巯基还原剂和蛋白酶钝化其胰蛋白酶抑制活性，得出了 PTI 的热稳定性与二硫键的存在有关，还原态的 PTI 增加了对热和蛋白酶水解的敏感性，巯基还原剂结合枯草杆菌蛋白酶水解可在常温下彻底钝化 PTI 的活性。梁炫强等通过丙酮分级沉淀和 DEAE-Sephadex A50 离子交换柱，从花生种子醋酸提取液中分离纯化出具有胰蛋白酶抑制剂活性的物质，并探讨了其与抗黄曲霉侵染的关系，结果表明：种子胰蛋白酶抑制剂含量的多少、活性的高低与品种抗黄曲霉侵染的能力有关，PTI 含量和活性可作为花生抗黄曲霉侵染的标记性状之一。罗虹等通过测定 13 个花生品种的胰蛋白酶抑制剂的活性，以及蔗糖、总糖和果糖的含量，鉴定和筛选出适合鲜食的花生品种。由于栽培环境和品种不同，花生营养及保健成分差异较大。

（六）特殊营养元素及功效

墨西哥学者最新研究表明，花生、花生油中含有丰富的植物固醇，特别是 β-谷甾醇，后者已被实验证明具有预防心脏病及肠癌、前列腺癌、乳腺癌的功效。美国科学家在花生中还发现了一种生物活性很强的天然多酚类物质——白藜芦醇，这种物质具有抗肿瘤功能，也能降低血小板聚集，预防和治疗动脉粥样硬化、心脑血管疾病。

花生中不但含有大量蛋白质、氨基酸，而且还含有一般谷物少有的胆碱（促进人体新陈代谢、益智延寿）、卵磷脂等营养成分。花生中富含植物活性化合物，如植物固醇、皂苷、白藜芦醇、抗氧化剂等，其中白藜芦醇（花生红衣及种仁中含量丰富）是葡萄中白藜芦醇含量的 908 倍，对防治营养不良，预防糖尿病、心血管疾病、肥胖症等具有显著作用。更可贵的是其仁、皮、壳、叶、茎、油均可入药，花生可谓全身是宝。花生的内皮含有抗纤维蛋白溶解酶，可防治各种外伤出血、肝病出血、血友病等。花生中所含有的儿茶素对人体具有很强的抗老化的作用。花生纤维组织中的可溶性纤维被人体消化吸收时，像海绵一样吸收液体和其他物质，然后膨胀成胶带体随粪便排出体外。当这些物体经过肠道时，与许多有害物质接触，吸取某些毒素，从而降低有害物质在体内的积存和所产生的毒性作用，减少肠癌发生的机会。据大量的资料记载，花生红衣是常用的中药成分，而其所含的白藜芦醇则具多种药理活性、抗氧化、抗菌、抗癌等，它可用来预防心脏病、保护肝脏、调节免疫、调节植物雌激素等，也能修复非典型肺炎方剂所致的细胞DNA 损伤，很有可能被开发成一种疗效高、副作用小的新药。花生红衣中含有使凝血时间缩短的物质，能对抗纤维蛋白的溶解，有促进骨髓造血功能的作用，对多种出血性疾病不但有止血的作用，而且对原发病有一定的治疗作用。

花生集营养、保健和防病功能于一身，对平衡膳食、改善中国居民的营养与健康状况具有重要作用。通过进一步加强对花生原料的理化、生物性质的研究，以及上述生理活性物质的作用机理及复配技术研究，采用食品工业高新技术将这些功能因子提取、富集、纯化，形成一定规模的工业化生产，并科学地研制出满足人们营养保健、口感需要的各种产品，将是花生食品业发展的一个重要机遇，符合当今世界"营养、保健、绿色、环保"的食品消费潮流。

除了用于榨油外，花生自古以来就是人们所喜爱的一种食品，具有"绿色牛奶"之称。新近研究证实，花生具有平衡膳食，预防心血管病、糖尿病和肥胖，抑制癌细胞生长和抗衰老的防病保健功能，这促使欧美食用花生的消费量连年上升，有的国家甚至形成了"食用花生热"。随着花生加工方法的日益多样化，各类花生食品大量涌现，花生总产量中用于榨油的比例逐年下降，而用于食品加工和直接食用的比例逐年上升。

二、花生的实用价值

20 世纪 40 年代以前，世界花生主要用于榨油，食用仅占 3%。随着食品加工技术的迅速发展，花生的食用价值和营养价值备受重视。对花生加工利用和市场需求都在不断增加。在不同的国家，由于消费习惯不同，花生用于榨油和食品的比例相差很大。发达国家花生普遍以食用为主，美国有 65% 的花生用作食品，英国、日本和西欧等国家，花生几乎全部用作食品；而发展中国家以榨油为主，如印度有 80%、中国有 50% 左右的花生用于榨油。20 世纪 90 年代后，在加工利用花生量最多的前 14 位国家中，多数国家的榨油和食用花生比例大多数都发生了变化。其中，尼日利亚和泰国用于食品的花生比例显著增加，印度和中国两大花生生产国家，加工利用花生的模式几乎没有变化。但总的趋势是花生加工用量和市场需求不断增长，其中，食用花生比例增加，榨油花生比例下降。

近年来，中国花生产业发展迅速，出口贸易量也大幅度增长，花生年均加工量增加了近 40%，花生总利用量中用于食品加工和直接食用的比例逐年上升，用于榨油的比例逐年下降。中国在花生食品加工利用方面还未产业化，国内花生加工利用的主要途径是制取花生油，且长期以来只注重出油率提高，而忽视了花生食品加工开发。现在，国内花生食品行业已意识到油脂与食品加工是花生产业发展的必然趋势，但由于技术水平所限，中国的花生食品加工利用方面与发达国家相比还有较大差距。

三、花生食品分类

(一) 花生类小食品

花生类小食品作为传统花生食品，种类繁多，主要有风味各异的咸花生类食品和以花生为主要成分的花生糖果类。

不同风味的咸花生主要在于盐渍配方的差异。常用盐渍液主要成分为 8% 食盐和 0.04% 乙基麦芽酚及适当的香辛料。根据香辛料的不同，可以制成椒盐花生、五香花生、咸酥花生等。经过盐渍工艺后，再进行适当烘烤即可包装销售。

制备花生糖果的原料，除花生外，还有少量食糖、黄油、奶油、蛋粉、巧克力、淀粉和一些调味料及色素等。一般预先将花生仁进行烘烤，脱红衣后，再进行不同配方的焦糖浸渍液处理，可生产出数十种花生糖果，如奶油花生、花生酥糕、琥珀花生、鱼皮花生等。

此外，美国等发达国家的消费者十分关心日常摄食的热量及肥胖症和相关并发症，高脂肪、高热量的花生食品使喜食花生者望而生畏。近几年，花生仁脱去 25%～33% 脂肪后，制成花生小食品，既保持了花生特有风味，又降低了食品的脂肪含量，已研制的低脂肪花生食品深受消费者青睐。

(二) 花生酱

花生酱具有浓郁的香味，品质柔滑，味美可口，易于消化吸收。花生酱富含蛋白质、脂肪、维生素等各种人体必需的营养成分，是一种高级营养和佐餐食品。花生酱由于营养价值高且不含胆固醇、风味独特、食用方便，在西方国家颇受欢迎，尤其在美国，已经成为每天饮食中必不可少的食品之一，在超市中人们可随意挑选各自喜爱的不同风味和口感的花生酱。

现行的花生酱一般是用全脂花生制作而成的。由于全脂花生含油量太高，于是降低花生酱中油脂的含量，生产新型花生酱是发展趋势。由于"文明病"的增长，主流花生酱产品由传统的全脂花生酱逐渐向低脂或脱脂花生酱、营养风味型花生酱转变。这主要是通过直接脱去花生中油脂或添加其他的低脂或无脂食品原料来降低加工基料中的脂肪率，一方面降低成品的热能值，另一方面突出成品的营养均衡和独特风味。

新型花生酱从改变原料的配方入手，使蛋白质含量相应得以提高。新型花生酱外观上与传统花生酱并无显著的差异，制作工艺与现行加工工艺的主要区别在于，原料配比中使用了一部分脱脂花生。然而这两种花生酱的营养成分与营养价值则有明显的区别。普通花生酱含油脂 47% 左右，新型花生酱只含油脂 20%～35%；新型花生酱的蛋白质含量增加 15% 左右，碳水化合物亦有所增加；新型花生酱优点是热值相应降低。

而在中国，由于饮食习惯差异，加之花生酱加工工艺落后，其产品品种少，风味、涂抹性、感官质量和贮存期等都不尽如人意。

因而花生酱的大规模生产厂家少，消费群体数量也不多。中国的花生酱主流产品还是全脂花生酱，低脂花生酱、营养风味型花生酱研究较少，花生酱在国际市场也没有形成品牌。

（三）花生蛋白食品

花生蛋白是优良的食用植物蛋白，含有人体必需的 8 种氨基酸，而且赖氨酸含量比大米、小麦、玉米粉高 3~8 倍，其有效利用率达 98.96%。花生蛋白质还含有较多的谷氨酸和天门冬氨酸，这 2 种氨基酸对细胞发育和增强记忆力有良好的促进作用。花生蛋白质的生物价（BV）为 58，蛋白质功效比值（PER）为 1.7，纯消化率为 87%，易被人体消化和吸收。此外，花生蛋白基本不含胆固醇，饱和脂肪酸含量低，亚油酸含量高，可以预防高血压、动脉硬化和心血管等方面的疾病。花生蛋白食品主要有：花生蛋白粉、花生蛋白肽、花生蛋白饮料、花生蛋白膜、花生蛋白肉等。

1. 花生蛋白粉

花生蛋白粉风味好，营养丰富，含多种维生素，具有高蛋白、低脂肪不含胆固醇的特点，其冲调性和稳定性均很好，根据脱脂的程度可分为全脂、半脱脂和脱脂等。与大豆蛋白粉作对照，发现花生蛋白粉的蛋白质含量高达 57%（干基），脂肪含量低于 2.5%（干基），其产品色泽、风味好，可溶性蛋白和吸油度甚佳。利用花生蛋白粉的香味和溶解特性，可生产代乳品和饮料等蛋白质强化食品。而且花生蛋白粉可形成稳定的胶体溶液，会产生使人易于接受的愉快风味，故既可单独冲调，亦可与奶粉等混合冲调饮用。利用花生蛋白粉可生产固体饮料（如花生糊、花生精等），利用乳酸菌发酵还可生产花生酸奶。

2. 花生浓缩蛋白粉

花生浓缩蛋白粉是以脱脂花生粉为原料，通过热水萃取、等电点沉淀、乙醇洗涤等方法制备而得。它具有良好的吸水性、保水性、吸油性、乳化性等，可以将其添加到火腿、香肠、午餐肉等肉制品中，可保持水分不流失，风味物质不损失，促进脂肪吸收，减少制品的"走油"现象。制品组织细腻、风味诱人、富有弹性。将花生浓缩蛋白粉加入冰激凌中，可增加制品的乳化忕，提高膨胀率，改进产品品质，改善营养结构。

3. 花生分离蛋白粉

花生分离蛋白粉一般是通过碱提酸沉法和超滤膜法来制取，其蛋白质含量为 85%~90%，甚至更高。在面包、蛋糕、馒头中添加花生分离蛋白粉，不仅可以改善谷物的营养价值，还能使产品结构蓬松、柔软、富有弹性，添加量为：面包 4%~8%，蛋糕 15%~20%，馒头 1.5%~3.5%。在面条中加入花生分离蛋白粉，可增加面团的韧性，不易断条，制品滑爽。花生分离蛋白粉经酶法或碱法处理后，是很好的发泡剂，可广泛应用于中西糕点和糖果等食品中。另外，还可作为碳酸饮料、啤酒等的发泡稳定剂。将花生分离蛋白粉加入冰激凌中，可增加制品的乳化性，提高膨胀率，改进产品质量，改善营养结构。

4. 花生蛋白肽

蛋白多肽是 2 个或 2 个以上氨基酸通过肽键连接成的蛋白质片段，其功能是全面调节人体的各种生理机能，修复和激活细胞，使人体达到稳态健康的水平。以花生浓缩蛋白或花生分离蛋白为原料，经过酶水解之后而得到多肽混合物，再经过分离提纯之后，就得到花生蛋白肽。花生蛋白肽具有重要的生理功能，它能够清除体内自由基，达到抗氧化和延长细胞寿命的作用。同时，它的消化吸收性好，食品安全性高，故可作为营养强化剂应用于婴儿和儿童配方食品、减肥食品、运动员食品和医疗食品中，被视为"新兴的营养保健源"和"极具发展潜力的功能因子"。

5. 花生蛋白膜

花生蛋白膜具有一定抗拉强度和阻止 O_2、CO_2 迁移的能力，是一种很有发展前途的可食性膜。添加合适的增塑剂，不仅可使膜具有一定抗拉强度和伸长率，且不至于明显降低膜阻湿性。Jangchud

等人研究了甘油、丙二醇、山梨醇和聚乙二醇 4 种增塑剂及其浓度对花生蛋白膜性能的影响，结果表明：甘油增塑效果优于其他 3 种增塑剂。

6. 花生蛋白肉

花生蛋白肉是一种高蛋白仿肉型干制食品，生产工艺主要是以脱脂花生粉为原料，用均匀挤压膨化方法改变花生蛋白的组织形式，经纺丝集束、挤压喷爆等加工处理，使之具有瘦肉的质地特征。花生蛋白肉还含有花生的香味，而大豆蛋白肉中略有豆腥味。具体的制作工艺是将脱脂花生粉加水 25%、纯碱 0.7%、食盐 1%混合均匀。经一系列加工处理，生成具有瘦肉特征的产品即为花生组织蛋白，俗称花生蛋白肉，其蛋白质含量约为 55%。食用时，用热水浸 3~5 min 就可泡软，酷似瘦肉片。花生蛋白肉可用于炒菜，还可代替部分畜肉作香肠、火腿、午餐肉等。

7. 改性花生蛋白食品

天然花生蛋白虽表现出一定功能特性，但往往仍不能满足工业生产需要。为了进一步拓宽花生蛋白的应用领域，充分利用植物蛋白，使之具有营养性、专用功能性和生理活性，已成为当前国际植物蛋白开发的主要研究方向，其核心技术就是蛋白改性技术。花生蛋白改性就是通过改变蛋白质结构，以达到加强或改善蛋白质功能性的目的；同时抑制酶活性或除去有害物质，达到提高营养利用率的目的。

蛋白质改性实质是蛋白基团修饰，通过改变蛋白质功能基团、键合作用、空间结构和聚合形式，从而对其加工特性产生重大影响，获得其原来所不具备的独特功能。花生蛋白改性方法主要有物理改性、化学改性、生物改性等。改性后的花生蛋白的抗乳化性、保湿性、成膜性、抗氧化性及持水性等均有提高，因此，在食品工业中有较好的应用前景。

（四）花生奶（乳）

花生奶（乳）是以花生为原料生产的乳浊型植物蛋白饮料，

口感细腻、香甜、顺滑、风味独特，且营养丰富，易被人体吸收，被人们誉为"绿色牛奶"，成为人们非常喜爱的保健饮料，近年发展很快，成为软饮料工业的新秀。花生饮料制作工艺比较简单，花生仁经烘烤去皮、浸泡磨浆、过滤、均质及调配杀菌后即可。花生奶是一种由蛋白质、脂肪及其他固体微粒等成分分散于水中的复杂乳状液，贮存一段时间（12～48 h）后即产生沉淀、分层等现象，这严重影响产品质量。因此，尽管近年中国花生奶研制发展比较迅速，但由于上述问题的存在，目前有竞争力的产品面世仍然较少。此外，利用部分脱脂后的花生蛋白粉研制花生奶，不但获得品质稳定的花生奶，还获得了优质花生油，提高了花生附加值，降低了生产成本，达到充分利用花生资源的目的。利用花生奶的浓郁香味，与其他果菜汁调和，可以制作出风味各异的花生奶复合饮料，如花生核桃乳、枣汁花生乳、花生奶茶等。此外，利用乳酸菌也可以生产出不同风味的花生乳酸奶。

（五）花生粉

花生粉是通过轻度或高温烘烤含 12%～28% 脂肪的花生磨制而成，清淡柔和，砂砾结构，具有很浓的花生香味。优质花生粉含蛋白质 60%、脂肪 0.75%、粗纤维 4.5%、灰分 4.5%、无氮提取物 22.5%、水分 8%，其品质因花生品种不同而略有差异。对于脂肪含量高的非食用型花生，可以制作部分脱脂花生粉。花生仁经低温脱脂、水循环冷却磨粉工艺制取的部分脱脂花生粉，蛋白质含量可达 40%～45%，风味清香、色泽洁白、营养价值高，是食品加工的理想原料。由于脱脂花生粉既减少了脂肪含量，还不失花生的风味品质，目前在市场上占了相当比重。

花生粉不仅能改进食品风味、提高产品的蛋白质含量还可作为优异的脂肪黏合剂。利用其凝胶性、乳化性、吸水性、吸油性，可用于香肠、午餐肉、火腿等肉类制品和奶油制品加工中，利用其亲水性可用于面包或糕点制品的加工，利用其结膜性可用于腐竹的生产，利用其起泡性可用于冰激凌和蛋糕顶层饰料，利用其组织性可用于人造肉类制品的生产。

（六）衍生花生食品

1. 花生酱油

中国是酱油的发源地，也是主要的消费国，中国酱油产量占世界的50%。花生榨油后得到的花生粕，粗蛋白、粗淀粉含量高，是酿制酱油的良好原料。

有研究表明，花生粕中的蛋白质在酿制酱油时转化为谷氨酸的比率高、鲜味突出，将其用于调味品的生产，对脱脂花生的综合利用开辟了广阔的前景，并开发出了具有花生香味的新品种酱油，加大了花生深加工的程度，有效地降低了成本，提高了经济效益。

2. 花生豆腐

结合传统豆腐加工工艺，还可以花生为原料生产具有花生香味的豆腐。将花生适度烘烤后浸泡磨浆，可按传统方法制作豆腐。

由于花生脂肪含量高，花生豆腐的凝固比大豆豆腐更加困难，因此，需要加入适量的马铃薯粉或其他淀粉，或者采用复合凝固剂。

3. 花生保健食品

除了丰富的营养外，花生还含有大量生物活性物质，花生红衣还含有白藜芦醇等许多抗氧化酚类物质，具有降血压、降血脂和治疗冠心病的作用。从花生壳中提取皂苷、木犀草素、木糖醇等，用于制造降血压、降血脂和降血糖的保健食品。

花生油脂中还含有一定量的花生烯酸，花生烯酸及其代谢产物在降血脂、抑制血小板聚集、抗炎症、抗癌、抗脂质氧化、促进脑组织发育等方面具有独特的生物活性。现在已有一些相关的保健食品面市。

（七）花生加工副产物的综合利用

每年花生加工会产生大量的副产物，如花生壳、花生渣、花生粕、花生茎叶等。中国花生加工业存在的一个主要问题是对花生副产品的研究利用重视不够，长期以来存在着重视花生仁的利用，而忽视花生壳、花生种衣、花生蔓的利用；重视花生油的利用，而忽视花生饼粕等花生榨油副产物利用的现象。因此，对其副产物进行加工再利用，提取其中的花生功能性活性成分，广泛地应用在饲料、食品、医药行业中，可增加原料附加值，提高原料利用率和经济效益。

1. 花生壳的应用

（1）花生壳作食用菌培养基料。目前、花生壳最多应用是作为平菇、草菇、香菇、鸡腿菇、金针菇等食用菌的培养基料。有报道，用花生壳栽培食用菌，其产量要比用棉籽壳、谷壳、木屑、稻草等的产量高 1 倍以上，而且食用菌中的营养成分，在粗纤维含量、粗蛋白含量和无氮浸出物的比例等方面，都以花生壳为优。

（2）花生壳在食品中的应用。

①花生壳在发酵食品中的应用。花生壳可用来制作食用酱油，所生产出的酱油色泽鲜亮有光泽，有酱香香气，味道鲜美醇厚，咸甜适口。利用花生壳天然发酵制造酱油的技术，不仅成本低而且原料利用充分。每 100 kg 花生壳大约可生产优质酱油 300 kg。除此之外，花生壳还可以用来制酒。

②花生壳在焙烤食品中的应用。花生壳中含有丰富的膳食纤维，其含量超过 60%，是生产膳食纤维价廉易得的原料。花生壳用木瓜蛋白酶水解蛋白、灭活、过滤、脱色、再过滤、烘干粉碎，得到的膳食纤维可作为食用纤维素添加于面包和糕点等焙烤食品中，增加了食品的纤维含量，而且这些食品的品质、比容、色泽与口感等都合格。

③花生壳在保健食品中的应用。花生壳可作为食品原料应用到保健食品中，作为一种集食疗、营养、保健于一体的可用于防治高血压病的特效天然五谷降压食品。

④花生壳在风味食品中的应用。从花生壳中提取花生风味物质添加到果酱、果奶、巧克力中，使其具有独特的花生香味。提取物中除含有一定的花生香味物质外，其主要成分为多酚类物质及少量

可溶性糖类。由于多酚类物质具有较强的抗氧化能力并且在不同的酸碱性条件下可以呈现出不同的颜色（由黄色到棕黄色），使用该提取物作为生产花生酱、花生果奶、花生酥糖及花生巧克力等食品的添加物，既可增加产品的花生风味，又可增强产品的抗氧化与抗腐败性能，延长产品的货架期，同时还可为产品调色。

（3）花生壳中活性物质提取与应用。

①从花生壳中提取抗氧化剂。从花生壳中提取的黄酮类物质可用作食品抗氧化剂。有研究表明，花生壳的甲醇萃取物能有效地抑制大豆油和花生油的氧化作用。萃取物添加量为0.12%、0.48%和1.2%的大豆油试样，在60℃存放8 d后，抗氧化效率可分别达到68.7%、91.8%和95.0%。

②从花生壳中提取花生风味物质。用乙醇从花生壳粉中可以提取具有浓郁花生香味的花生风味物质，提取率高达16%，具有一定的实际应用价值。

（4）从花生壳提取膳食纤维。花生壳中膳食纤维的含量超过60%，是一种生产膳食纤维廉价易得的原料。花生壳除杂质后用清水清洗，烘干后粉碎，用硫酸分解植酸，用木瓜蛋白酶水解蛋白，灭活，过滤，脱色，再过滤，烘干粉碎。用这种方法得到的膳食纤维可作为食用纤维素添加于面包和糕点中，增加了食品的纤维含量，而且面包和糕点的质量、比容、色泽、口感等感官指标都合格。采用超微粉碎法制取花生壳可食纤维，制得的产品不再具有粗糙的颗粒感，可以广泛地应用于各类食品中，制得良好的低热食品。

（5）提取天然黄色素。利用花生壳提取天然黄色素，作为食品添加剂，具有开发价值。

（6）花生壳制造食品容器。采用农作物副产品如谷壳、各类秸秆（棉秸、玉米秸、麦草、稻草高粱秆、麻秆、烟秆等）、花生壳、甘蔗渣、玉米芯等制成一次性食品容器成本低、无毒、无味、在野外能自然分解变成有机肥料。这种一次性食品容器生产工艺：

将各类植物纤维粉碎后加入少许添加剂、增硬剂和胶黏塑化剂混合，在低温低压下一次成型。产品强度好，手感合适，耐热水（100 ℃沸水，不渗漏不变形），适于冷、热饮，微波穿透能力强，适用于制作微波加热的一次性餐具，也适用于冰箱冷冻；产品使用后弃于野外，在自然环境中可自然分解（温度越高，分解速度越快），变为有机肥料，能促进生态系统的循环。这种一次性食品容器是一种抑制白色污染很好的替代产品，其制作工艺简单，生产效率高，无污染，易形成规模生产，具有广阔的推广应用前景。

综上所述，花生壳在食品工业中有着十分广泛的用途，前景广阔，但至今尚未进行大规模开发利用。花生壳在食品工业中的开发与利用可以和其他应用领域结合起来。综合开发利用花生壳，可充分利用废物资源，既解决了环境污染问题，又可获得相当可观的经济效益。

2. 花生粕的利用

（1）花生粕在发酵食品中的应用。花生粕具有促进微生物生长发育和代谢的功能，它能促进双歧杆菌的发酵，还能促进乳酸菌、霉菌及其他菌类的增殖，也能促进面包酵母充气作用。因此，花生粕在发酵食品中的应用范围广泛，如生产酸奶、醋、酱油、发酵火腿、谷物营养饮品等，或者生产乳酸菌制剂等。

（2）花生粕在蛋白饮料中的应用。利用酶法水解花生粕制备花生蛋白饮料，其游离氨基酸含量较高且种类比较齐全，是一种较为理想的蛋白饮料。还有研究利用胰蛋白酶和脂肪氧化酶去除花生粕中不愉悦的口味，加工生产蛋白饮料。

（3）花生粕在营养强化食品中的应用。花生粕是改善膳食结构中蛋白质的良好来源，其在小肠黏膜被机体吸收利用，因此可以利用花生粕研制低肽食品，为通过普通饮食不能充分满足蛋白质需要的特殊人群（如运动员、婴幼儿及老年人等）补充蛋白质。花生粕中的蛋白质在酶的催化下，可用于针对老年人市场的新型营养强化食品和营养补充食品，如生产的花生粕咀嚼片等。

此外，还可以从花生粕中提取蛋白、多肽、多糖等活性成分，对提高花生粕资源的综合利用率和为工业产物的利用提供了一条高效、可循环、环保低碳的途径，具有较大的现实意义。

3. 花生红衣的利用

据了解，国内无论是用来榨油还是用来生产制品的花生加工厂，绝大多数对花生红衣还没有进行开发利用，多作为废料扔掉，仅有小部分用来做研究。目前，对花生红衣的研究，主要集中在从中提取红衣色素和多酚类物质。对其性质的研究较少，对其功效研究主要是抗氧化活性，也有在血小板减少方面的研究。

（1）花生红衣多酚。通过超声波辅助提取。从花生红衣中得到了白藜芦醇、原花色素。白藜芦醇又称芪三酚，为非黄酮类多酚化合物，是一种植物抗毒素，具有重要的生理功能。研究发现，其抑制癌细胞、降低血脂、防治心血管疾病、抗氧化、延缓衰老等作用比较明显，被称为继紫杉醇后的又一新的绿色抗癌药物。因此，从花生红衣中提取多酚物质并将其运用到食品和药品中，特别是保健食品应用中的发展前景十分广阔。

（2）花生红衣色素。食用天然色素具有安全可靠、毒副作用小、色调自然等优点，还具有一定的药理保健作用。天然食用色素的应用不断扩大，远不能满足现代食品工业发展的需要。因此，开发新品种的天然色素，对原有天然色素的生产工艺进行改进，已成为添加剂行业非常迫切要解决的问题。花生红衣色素是一种优良的天然色素，主要成分为黄酮类化合物，此外，还含有花色苷、黄酮、二氢黄酮等，易溶于热水及稀乙醇溶液，主要用于西式火腿、糕点、香肠等的着色，为红褐色着色剂。开发利用花生红衣色素，具有较大的经济价值和社会效益。

（3）花生红衣中其他活性成分。研究人员发现，花生红衣中含有被科学家们称为"长链饱和脂肪酸"的成分，它对于制造新型护肤品十分有用。每 1 000 kg花生红衣含这些物质 5 kg，其中主要是"Bihenic"和"Lignosorie" 2 种长链饱和脂肪酸物质，主要用于美容和健肌。

花生红衣中还含有人体维持血液正常凝固功能所必需的维生素 K，具有抗纤维蛋白溶解、促进骨髓制造血小板、缩短出血时间、加强毛细血管收缩、调整凝血因子缺陷等功能。缺乏维生素 K 可导致血液凝固迟缓和容易出血。

花生副产品利用价值较大。花生副产物，如花生壳、花生渣、花生粕、花生红衣等营养或成分丰富，被广泛应用于发酵食品、焙烤食品、保健食品、风味食品、营养强化食品及蛋白饮料和肉类食品中。花生副产物不仅可以提供丰富的营养物质，还具有特殊的花生香味，应用于食品中具有一定的保健功能，不仅使花生副产物变废为宝，而且还可以提高花生的综合利用价值和经济价值，将带来巨大的经济效益和社会效益，具有很好的应用前景。

第四节　花生产业发展趋势和生产技术需求

一、花生产业发展趋势

花生是世界上最重要的大田经济作物之一。我国花生产量和加工产业规模居世界之首。据农业农村部统计，2021/2022 年度我国花生总产量 1 820 万 t，居世界首位。榨油和食用是中国花生加工的主要用途，2021/2022 年度食用花生总量达 840 万 t，榨油用花生总量达 1 000 万 t。2021/2022 年度我国花生油产量 315 万 t，花生粕产量 380 万 t。花生是我国具有国际话语权的优势农产品。2021/2022 年度我国花生进口量 130 万 t，出口量 36 万 t。2021/2022 年度我国花生油进口量 16 万 t，出口量 1.0 万 t；花生粕进口量 8 万 t。花生及其制品进出口贸易量居世界首位。

继石油安全、粮食安全之后，食用油安全又成为一个事关国家战略的重要课题。我国年度需求花生油总量预估 333 万 t 以上，但年产量不足 315 万 t。花生是我国主要的油料作物、经济作物和特色出口农作物，在国家油脂安全和农产品国际贸易中占有举足轻重的地位，在国内油料作物中，花生单产、总产和出口量均居首位。花生仁含油量40%~61%，单位面积产油量是油菜的2倍、大豆的4倍。相对于其他油料作物，花生具有生产规模大、种植效益高、产油效率高、油脂品质好、国际市场竞争力强的特点，发展花生产业对保障我国油脂供给安全意义重大。

习近平总书记在2021年12月的中央农村工作会议上强调，要实打实地调整结构，扩种大豆和油料，见到可考核的成效。2022年中央一号文件提出，"要大力实施大豆和油料产能提升工程"。农业农村部明确要求，把扩大大豆油料生产作为必须完成的重大政治任务，抓好油菜、花生等油料生产，为我国当前综合施策、系统解决油瓶子问题指明了方向。花生是我国重要的油料和经济作物，在保障油料安全和改善膳食结构中占有重要的位置。大力发展花生产业是保障国家粮油安全，把"油瓶子"掌握在自己手里的重要抓手，是构建国内国际双循环格局的创新实践；是落实"保供固安全、振兴畅循环"的重要战略举措。

目前，我国花生产业面临新的发展机遇。一是2022年国家启动实施大豆和油料产能提升工程。2022年中央一号文件提出全力抓好粮食生产和重要农产品供给，稳定全年粮食播种面积和产量，大力实施大豆和油料产能提升工程。二是扩大花生种植规模，符合我国农业可持续发展的要求，符合2022年全面推进乡村振兴重点工作，大力实施大豆、花生等油料产能提升工程。通过实施良种补贴，加大耕地轮作补贴和产油大县奖励力度。因地制宜调整种植结构，开展生态型复合种植，科学合理利用耕地资源，促进种地养地结合。花生是肥地作物，通过与粮食作物合理轮作，不仅可以减少化肥投入，还可以降低病虫害的发生，有利于化肥农药双减和农业可持续发展目标的实现。保障国家粮食生产和供给需求，全面推进乡村振兴，确保农业稳产增产、农民稳步增收、农村稳定安宁。三是推进花生等主要经济作物全程机械化工作已提到重要议事日程，有望尽快突破花生生产的瓶颈制约。提升主要粮食作物生产全程机械化水平和突破主要经济作物生产全程机械化"瓶颈"两个主攻方向，在水稻、玉米、小麦、马铃薯、棉花、油菜、花生、大豆、甘蔗等九大作物开展全程机械化。四是国家一二三产业融合发展的号召，有利于推动花生产业的可持续发展。国务院办公厅颁发《关于推进农村一二三产业融合发展的指导意见》指出："延长农业产业链条，支持农产品深加工发展"，为推动花生全产业链条发展、提升花生产业综合竞争力指明了方向。

我国是名副其实的花生生产、加工与贸易大国，发展花生加工业对于保障我国粮油供给、提升全民营养健康、推动产业快速发展、落实乡村振兴战略具有重要意义。

二、生产技术需求

近年来，我国花生科研水平和生产技术发展速度较快。在生产技术方面，通过改革种植方式、实行地膜覆盖、配方施肥、增加密度以及合理调控群体等管理措施的研究与应用，花生单产已达国际先进水平，平均产量挤进世界前列。

进入 21 世纪后，我国花生生产科技取得了显著进展。如在花生高产栽培技术、旱薄地种植技术、平衡施肥技术、小麦花生两熟制双高产栽培技术、连作花生高产栽培技术、玉米花生间套作技术、绿色食品花生生产技术、花生病虫草害防治技术、黄曲霉毒素控制技术、花生精播节本降耗技术等方面做了大量研究工作，取得了较大进展，并在较大面积上进行了示范和推广，取得了显著的经济效益和社会效益。

虽然我国花生单产水平获得较大幅度的提高，一直保持大面积单产的世界纪录。但是目前我国花生单位面积平均产量仍然较低，全国平均约为 3 000 kg/hm²，单产水平最高的山东省也只有 3 700 kg/hm²。花生生产潜力（16 750 kg/hm²）与现实的高产纪录（11 739 kg/hm²）仍有相当大的差距。而制约花生产量提高的因素，除了受品种生产潜力和气候等因素制约外，花生高产的理论基础与水稻、小麦等相比尚显薄弱，如在花生高产生长发育规律、花生荚果发育的酶学机制和激素机理、花生高产营养生理、花生高产水分生理、花生高产光合生理、花生高产衰老生理、花生高产环境适应性机理和抗逆机理等方面。在花生高产栽培技术方面，缺乏花生高产生长发育的生物、生理调控技术，花生高产抗逆栽培技术，花生逆境应对调控技术，花生高产智能化栽培和信息技术，花生高产群体结构和功能的优化机理及其定量控制技术，花生高产资源优化配置和利用技术，花生不同产区不同种植方式的配套技术，花生超高产、优质、高效、生态、安全生产技术的集成和标准化技术，花生农机农艺融合技术等。

我国花生播种、收获均是在 1 垄 2 行的基础上的机具，2 垄 4 行的机具均未实现大面积的应用，技术成熟度相对较低，主要表现在：单粒精播技术尚未完全成熟，多垄多行播种、收获机具需求迫切。随着产业的快速发展，收获的效率亟待突破，花生两段收获已经成为一种趋势，联合收获受到机械原理、农艺要求的制约而已经逐渐淡出，成为当前一个阶段的过渡机械产品。

因此，重点研究夏花生联合播种作业、大型花生播种作业多垄多行有序条铺、手扶高效条铺、大型捡拾联合收获，乃至全程机械化生产装备的配套成为今后的发展趋势。针对花生机械化生产现状，研究开发出适宜的花生耕整机械、花生播种联合作业机械、植保机械、两段花生收获机械，以及逐步配套自动化、智能化技术等适宜于我国国情的通用性好、适应性强、性能可靠、价格适宜的国产化花生生产机械势在必行。

我国花生加工业重大技术需求聚焦在花生加工适宜性评价技术、花生加工品质调控技术与新产品研发、精深加工与副产物综合利用技术 3 个方面。

1. 花生加工适宜性评价技术

开展花生加工特性与品质评价研究，明晰原料关键特性指标与产品品质间的关联机制，构建加工适宜性评价模型、指标体系与技术方法，按加工用途对我国花生品种进行科学分类，筛选加工专用品种，构建基础数据库，能够破解原料准收混用、产品品质差、产业效益低与国际竞争力弱的产业瓶颈问题，全面实现我国由花生加工大国向加工强国的转变。

2. 花生加工品质调控技术与新产品研发

明确加工过程中特征组分多尺度结构变化及互作与品质功能调控机制，典型加工过程中品质劣变与保持减损机制，以及新型加工技术对特征组分结构修饰与品质提升机制，建立加工全过程品质功能调控技术与可视化平台。开发植物蛋白肉、基于花生蛋白pickering 乳液的人造奶油、沙拉酱等营养健康新产品。

3. 花生副产物绿色高值化利用技术

花生浑身都是宝，花生茎、叶具有改善睡眠的功效；花生壳中的木犀草素等具有消炎、降尿酸、抗肿瘤等多种药理活性；红衣多酚具有补血止血、抗氧化、抗肝癌等功效；花生根和红衣中的白藜芦醇可缓解心血管疾病，降低血脂，延缓衰老；高温压榨花生粕可用于加工绿色无甲醛胶黏剂。实现花生副产物绿色高值化利用，能够有效提高花生产品的附加值，减少资源浪费，助推乡村振兴。

第二章　花生种植技术

第一节　春花生高产栽培技术

一、春花生分布

春花生是我国分布最广的花生种植方式，西自新疆喀什，东至黑龙江省密山，南起海南省榆林，北到黑龙江省瑗珲，均有春花生种植。

1. 北方大花生区

包括山东和天津的全部，北京、河北、河南的大部，山西南部，陕西中部，以及江苏和安徽的北部。本区山区丘陵多为春花生地膜覆盖种植，4月中旬到5月中上旬播种，适宜种植普通型、中间型和珍珠豆型品种。

2. 东南沿海春秋两熟花生区

包括广东、广西、海南、福建和台湾5省（自治区），以及湖南和江西南部。春花生一般3月播种，种植品种以珍珠豆型品种为主。

3. 长江流域春夏花生交作区

包括四川、湖北、湖南、江西、安徽、江苏、浙江等7省份的全部或大部，以及陕西、河南的南部。本区域春花生大部分位于丘陵和冲积沙土地，3月下旬到4月上旬播种，适宜种植普通型、中间型和珍珠豆型品种。

4. 云贵高原花生区

云贵高原花生区包括贵州的全部、云南的大部、湖南西部、四川南部、西藏的察隅以及广西北部的乐业至全州一线。4月中上旬播种，种植品种以珍珠豆型品种为主。

5. 东北沿海早熟花生区

包括辽宁、吉林、黑龙江的大部以及河北燕山东段以北地区（简称东北区），花生主要分布在辽东、辽西丘陵以及辽西北等地。5月上中旬播种，适宜种植多粒型、中间型和珍珠豆型品种。

6. 黄土高原花生区

以黄土高原为主体，包括北京的北部、河北北部、山西中北部、陕北、甘肃东南部以及宁夏的部分地区，5月上中旬播种，适宜种植多粒型、中间型和珍珠豆型品种。

7. 西北内陆花生区

本区地处我国大陆西北部，北部和西部以国境线为界，包括新疆全部、甘肃北部、宁夏的中北部以及内蒙古的西北部。5月上中旬播种，普通型、中间型、多粒型和珍珠豆型品种均有种植。

二、春花生高产栽培技术的发展过程

春花生高产栽培研究经历了总结传统增产经验、研究单项关键增产技术、组织高产攻关、系统研究总结高产规律、高产栽培技术不断完善5个阶段。第一阶段，20世纪50年代，为迅速恢复和发展花生生产，提高花生单位面积产量，花生高产栽培研究以总结群众增产经验为主。第二阶段，20世纪60年代，山东、河南、广东等地科研单位，重点进行了花生单项关键增产技术的研究，其间地膜覆盖高产栽培技术的引进和推广是花生栽培技术史上的一场革命，成为花生高产栽培的关键措施，为花生实现高产奠定了基础。第三阶段，20世纪70年代，山东、河南、河北、广东等主要花生产区先后组织开展了花生高产攻关，高产田块开始出现，高产栽培技术得到提高和完善。第四阶段，在高产攻关的同时，山东、河南、广东等花生主产省的科研单位，对花生的高产规律进行了系统研究和总结，从而使花生高产栽培形成了完整的理论体系和技术体系。第五阶段，改革开放以来，高产田面积不断扩大，单位面积产量不断提高，高产栽培理论逐步形成，高产栽培技术逐步完善，并开始向超高产、节本降耗高产、无公害高产栽培方向发展。

三、花生产量的构成因素及高产途径

构成花生产量的因素主要有单位面积株数和单株生产力2个方面。而单株生产力的高低则取决于单株结果数和荚果重量（千克果数）。可见单位面积株数、单株果数和果重是构成花生产量的3个基本因素。

单位面积产量=单位面积内株数×单株果数÷千克果数

花生产量构成的3个因素间既相互联系，又相互制约，通常情况下单位面积株数起主导作用，随着单位面积株数的增加，单株果数和果重下降，当增加株数而增加的群体生产力超过单株生产力下降的总和时，增株表现为增产，密度比较合理。花生单株结果数，受密度、品种和栽培条件的影响很大，一般高产田要求单株结果数15~20个。果重的高低取决于果针入土的早晚和产量形成期的长短。但二者不可能同时出现，单位面积果数和果重是一对矛盾。单位面积有一定数量的果数是高产的基础，较高的果重是高产的保证，花生从低产变中产或中产变高产，关键是增加果数。

花生高产主要有3个途径：一是选择有高产潜力的、性状优良的品种；二是适宜花生高产的土壤；三是高产高效的栽培措施。

四、黄淮海春花生高产栽培技术

（一）土壤选择与整地施肥

1. 土壤条件

花生是地上开花、地下结果的作物，耐旱怕涝，种植时应选择土层深厚、耕作层疏松、排灌良好的壤土或沙壤土。土层深厚是高产稳产的基本条件，产量为6 000~7 500 kg/hm² 的花生田，土层厚度应为 50 cm 以上。耕作层疏松有利于果针入土和荚果发育，有利于根系发育和根瘤菌的固氮活动，尤其是 0~10 cm 结果层，对通气性要求更高。花生不耐盐碱，土壤适宜 pH 值为 6~7，全盐含量在 0.3% 时即不能出苗，pH 值超过 7.6 时，会出现各种营养失调现象；花生较耐酸，在 pH 值 4.5 的土壤中仍能生长。

因此，适宜的土壤条件是耕作层疏松、活土层深厚、排灌和肥力特性良好的壤土或沙壤土。对于土质瘠薄，土壤有机质含量低、保水保肥能力差的地块，要结合增施有机肥进行深耕深翻，以便增加活土层，改善土壤通气性，利于植株根系积累养分和荚果的生长。

2. 轮作换茬

花生喜生茬、怕重茬。连作花生表现病虫害严重、长势弱、叶片黄、早落叶、结果少、荚果小，产量降低明显。花生连作 2~3 年，荚果平均减产 20%~30%，且连作年限越长，植株发育不良症状趋势越重，减产也越严重。花生与禾本科作物及棉花、烟草、甘薯等轮作，既有利于花生增产，也有利于与其轮作作物增产，但花生不宜与豆科作物轮作。

合理轮作不仅可以改善土壤的理化性状，使土壤疏松，孔隙度增加，透气性改善；而且花生根瘤菌的固氮作用，在收获后，还能将固定的氮素遗留一部分在土壤中，提高土壤肥力。

深耕增肥、防治病虫害、选用耐连作品种等措施，在一定程度上可以减轻连作危害，但仍不能根本解决连作的影响。实践证明，轮作换茬是提高花生产量的重要措施之一。

3. 播前整地

花生是深根作物，适当加深耕作层，能促进根群发育，增强根部吸收水肥能力，有利于提高花生的产量和品质。深耕以秋末冬初进行为好，一般耕深以 25~30 cm 为宜。深耕要结合增施肥料，冬深耕后要耙平耙细，以防风蚀。深耕要因地制宜，冬耕宜深，春耕宜浅。由于春季空气干燥，土壤容易丧失水分，要注意早春及时顶凌耙地保墒。

总之，播前整地的总体要求是耕深均匀一致，耕后地表平整，无重耕、漏耕，土壤疏松、细碎、不板结，含水量适中，排灌方便，有利于花生的生长发育。

4. 施肥

花生施肥应遵循以下原则：重视前茬施肥，重施有机肥和磷肥，重施基肥，同时与 N、P、K 肥配合施用。

（1）花生需肥规律。花生的需肥量随产量的增加而提高，据统计，每生产 100 kg 荚果，全株吸收的氮（简称需氮量）平均为 4.22~6.13 kg，吸收 P_2O_5 为 0.802~1.278 kg，吸收 K_2O 为 1.942~3.288 kg，吸收 CaO 为 1.5~3.5 kg（一般为 2.0~2.5 kg）。

（2）施足基肥。花生花芽分化早，营养生长和生殖生长并进时间长，而且前期根瘤菌固氮能力弱，中后期果针下扎，肥料又难深施，因此，施足基肥就显得十分重要。基肥用量应占施肥总量的 80%~90%以上。基肥主要是有机肥，既能满足花生对各种矿质元素的需要，又能改良土壤。施用 1 000~1 500 kg/667 m^2 优质农家肥，或养分总量相当的商品有机肥。

（3）增施磷肥。花生所需磷肥比一般作物多，对磷肥吸收利用率也高，目前花生区土壤供磷能力较低，所以施用磷肥能显著提高花生的产量和品质。磷肥促进了根瘤菌的固氮能力，改善了氮素的营养水平。在施用种肥时，应注意肥种隔离，以免伤害种子，影响发芽出苗。

（4）施用钙肥。花生施用钙肥可以调节土壤 pH 值，促进根瘤菌的固氮能力，改善氮素营养，促进荚果发育，减少空果和烂果。缺钙的花生地，施用钙质肥料增产效果明显。

（5）化肥施用量。根据高产生产实践，中等以上肥力水平的地块，花生单产 500 kg/667 m^2 以上产量，每 667 m^2 需施用纯氮（N）12.5 kg、磷（P_2O_5）10 kg、钾（K_2O）12.5 kg。

（6）肥效后移。高产栽培可考虑以有机肥为主，或施用有机无机复合肥、生物有机肥、包膜缓释肥等缓控释肥料，可防止后期脱肥早衰。缓释肥又称长效肥料，其施入土壤后有效养分释放的速度明显慢于普迪氮肥。缓释肥的高级形式为控释肥，其养分释放规律与作物养分吸收基本同步。与普通氮肥相比，缓控释肥的优点有以下3个方面：第一，解决花生"中旺后衰"的问题。普通氮肥由于肥效快，容易造成花生中期徒长倒伏，后期脱肥早衰。而缓控释肥可以基本按花生不同生育阶段对氮的需求释放，不会出现中期土壤氮肥过剩，后期供应不足的问题。第二，提高化肥利用率，减少化肥用量。由于缓控释肥具有缓释作用，可以减少化肥的气态和淋洗损失，从而提高化肥的利用效率。试验表明，缓控释肥可显著提高肥料利用率，降低流失率，减少氮肥用量。花生缓控释肥的用量可比普通氮肥减少15%~30%。第三，减少施肥次数，节省劳力。目前，市场上销售的肥料基本上为速效高氮型复合肥，分次施肥费时费工。而缓控释肥一次性基施就可以满足花生整个生长季节的需求。

（二）品种选择

应根据当地的自然条件和生产方式选择适宜的品种。

1. 品种选择原则

高产品种具备株型紧凑，叶片较小、叶厚，叶片上冲性好，叶片运动调节性能好，冠层光分布合理，耐密植的特性。株高一般不宜过高，生长稳健，不易倒伏，主茎高一般以40~45 cm为宜。结果集中、整齐，成熟饱满度高。休眠期长，收获期不发芽、不烂果。抗叶斑病，后期保叶性能好，落叶慢、不早衰。

2. 当前主推品种

黄淮海春花生生产区，选用增产潜力大的大果型、中晚熟的普通型或中间型品种，生育期130 d左右，且经审定推广的优良品种。比如：花育系列的花育22号、花育36号、花育50号等；山花系列的山花7号、山花9号等；潍花系列的潍花8号、潍花25号等；豫花系列的豫花9326、豫花9327等。

（三）播前种子处理

1. 晒果

播前晒果可使种子干燥，促进后熟，从而提高种子的生活力，发芽快，出苗整齐。特别是成熟度差和贮藏期间受过潮的种子晒果效果更加明显。晒果在播前半月进行。选择晴天中午晒 4~5 h，连续晒 3~4 d 即可。不能剥壳后直接晒种子，以免种皮变脆脱落，降低发芽率。

2. 剥壳

剥壳时间，离播种期愈近愈好。因为剥壳后的种子，失去了果壳的保护，直接与空气的水分和氧气接触，呼吸作用和酶的活动旺盛，消耗了种子内的养分，降低种子的生活力，致使出苗慢而不整齐。

3. 发芽试验

花生种子在剥壳后进行发芽试验，以测定种子的发芽势和发芽率。胚根露出 3 mm 以上为发芽，3 d 的发芽百分数为发芽势，7 d 的发芽百分数为发芽率。发芽势应在 80% 以上，发芽率在 95% 以上才能作种。发芽试验时，先使种子吸足水分，然后放在温度 25~30 ℃环境中，保持种子湿润，每日观察种子的发芽情况，并计算发芽势和发芽率。

4. 分级粒选

花生出苗前后所需要的营养主要由 2 片子叶供给，花生子叶的大小（种子大小）往往差异很大。因此，选用粒大饱满的种子作种对幼苗健壮和产量高低具有很大影响。剥壳后应把杂种、秕粒、小粒、破种粒和有霉变特征的种子拣出，特别要拣出种皮有局部脱落或子叶轻度受损伤的种子。余下饱满的种子按大小、饱满度分成 2 级、饱满大粒的作为一级，其余的作为二级。

（四）适期播种

春花生播种时，大花生要求 5 cm 日平均地温稳定在 15 ℃以上，小花生稳定在 12 ℃以上，高油酸花生稳定在 18 ℃以上，即可播种。而地温稳定在 16～18 ℃时，出苗快且整齐。一般北方大花生区春播适期为 4 月中旬至 5 月上中旬。河南、河北及鲁中以西地区以 4 月 20 日—5 月 5 日为宜，山东半岛地区适宜播种时期为 5 月上中旬，没有水浇条件的地区，可以根据降雨情况适当调整播期。地膜覆盖栽培可比露地栽培早播 5～7 d。

春花生播期推迟至 5 月 1—15 日，并适当延迟收获期至 9 月上中旬。可使花生苗期躲避低温冷害，盛花、下针、结荚期与雨季吻合，饱果期处于雨季之后，昼夜温差大，阳光充足利于形成产量，同时也可减轻病虫害。所以可以适度推迟播种期，使生育进程与气候相吻合。

（五）播种方式

1. 种植方式

花生种植过程中常见的 2 种不同种植方法：一种是平地种植，另一种是起垄种植。

（1）平地种植。即平地开沟（或开穴）播种。适合土壤肥力高，无水浇条件的旱薄地和排水良好的沙土地。平地种植比较方便，简单省工，可随意调节行穴距，适合密植，宜于保墒。缺点是遇到多雨的天气时，排水困难，容易发生涝灾，而且收获的时候花生荚果容易脱落，不利于收获。

（2）起垄种植。起垄种植是在花生播种前先行起垄，或边起垄边播种，花生播种在垄上。垄种便于排灌，结果层疏松，通气好，有助于合理密植花生，有利于通风透光，有助于花生发芽和花生荚果的生长发育。缺点是种植时比较麻烦，不利于保湿，如果不及时灌溉，花生容易干旱死苗。

起垄种植又分为单行垄作（图 2-1）和双行垄作（图 2-2）。单行垄作适于露地栽培花生高产田。垄距 40～45 cm，垄高 10～12 cm，垄面宽 20～25 cm，垄上种植 1 行花生。双行垄作适于地膜覆盖高产田。垄距 80～90 cm，垄面宽 50～60 cm，垄高 10～12 cm，垄上种 2 行花生，垄上小行距 30～40 cm，垄间大行距 40～50 cm。

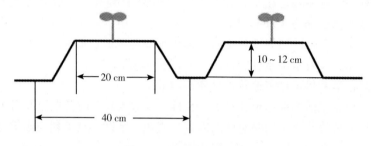

图 2-1 单行垄作种植模式

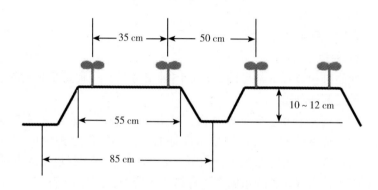

图 2-2 双行垄作种植模式

2. 播种方式

（1）人工播种。人工播种时，可在垄面平行开 2 条相距 35~40 cm 的沟，深 3~5 cm，两沟距垄边 10~14 cm。沟内先施种肥，再以每穴 2 粒等距点种，必须做到种、肥隔离。播种后覆土深度要一致，一般为 3~5 cm，覆土后适时镇压，使种子与土壤紧密接触，利于吸水萌动，避免播种层透气跑墒，造成种子落干缺苗。然后喷施除草剂，每 667 m² 用乙草胺 100~150 ml，兑水 50~60 kg，均匀喷洒垄面及垄两侧，覆膜后，再喷洒垄沟，以防杂草生长。最后，无论机械覆膜还是人工覆膜，都要做到膜与畦面贴实无折皱，垄两边覆土压实地膜，在垄顶每 3~4 m 处，横压 1 条小土埂，以防大风刮掉地膜。

（2）机械播种。选用先进的化生播种机，把花生扶垄、播种、均匀喷药、集中施肥、合理密植、覆膜和压土等播种技术用机械一次性完成。

3. 播种深度

露地栽培开沟深度以 5 cm 左右为宜，覆膜栽培开沟、开穴深度以 3 cm 为宜。土质、墒情不同应略有变化，一般土质较黏，湿度较大时，可适当浅一些，但露地栽培不能浅于 3 cm；土壤砂性较大，墒情较差时，应适当深一些，但露地栽培不能深于 7 cm。

4. 合理密植

根据品种特性、栽培条件和气候条件，合理增加种植密度。确定合理种植密度的原则是：气温高、雨量大的地区宜稀，气温低、雨量少的地区宜密。肥沃地、肥水大的地块宜稀，肥力低、少肥水的地块宜密。半匍匐、密枝、中熟大果品种宜稀，直立、疏枝、早中熟中果品种宜密。

一般生产条件下，普通型大花生为 0.9 万~1 万穴/667 m²，穴距 16~18 cm，每穴 2 粒；珍珠豆型小花生种植密度为 1 万~1.2 万穴/667 m²，穴距 14~15 cm，每穴 2 粒。

（六）水分管理

1. 花生各时期需水规律

花生是比较耐旱的作物，但整个生育期的各个阶段，都需要有适量的水分，才能满足其生长发育的要求。总的需水趋势是幼苗期少，开花下针和结荚期较多，生育后期荚果成熟阶段又少，形成"两头少、中间多"的需水规律。花生需水临界期为盛花期，需水最多的时期为结荚期。即盛花期是花生一生对水分最敏感时期，一旦缺水，对花生产量造成的损失最大，而结荚期为花生一生需水最多时期，缺水干旱造成的产量损失很大。故这 2 个生育期要保证水分供应，不能缺水。

花生的水分管理应该是既要保证有充足的水分供应，尤其是花针期和结荚期，又要防止干旱和水分过多对花生的危害，一般以保持土壤最大持水量的 50%~70% 为宜。当持水量在 40% 以下时，应注意灌水，灌水方法要采取顺垄沟灌，不能漫灌，灌后适当时间要对垄沟进行一次深中耕保墒防旱。当持水量大于 80% 时，应注意排水。不同生育期水分管理的要求有所不同。苗期宜少水，土壤适当干燥，促进根系深扎和幼苗矮壮；花针期宜多水，土壤宜较湿，促进开花下针；结荚期土壤湿润，既满足荚果发育需要，又防止水分过多引起茎叶徒长和烂果烂根。据此，苗期土壤水分控制在田间最大持水量的 50% 左右，花针期 70% 左右，结荚期 60% 左右，饱果期 50% 左右较为适宜。

2. 常用灌溉方式

（1）地面灌溉。地面灌溉即大水漫灌，它是一种最古老的灌溉方式，因其操作简单，目前仍被广泛应用。其缺点是用水量大，水利用率低，灌水不均匀等。

（2）喷灌。喷灌是利用水泵和管道系统，在一定压力下，水通过喷头喷到空中，散为细小水滴，像下雨一样灌溉作物。喷灌可以控制喷水量、喷洒强度和喷洒均匀度，从而避免地面径流和深层渗漏，防止水、肥、土的流失。喷灌与地面灌溉相比，具有显著的省水、省工、少占耕地、不受地形限制、灌水均匀和增产等优点，能适时适量地满足花生对水分的要求。但喷灌也有一定的局限性，如作业时受风影响，高温、大风天气不易喷洒均匀，喷灌过程中的蒸发损失较大，而且喷灌投资一般比地面灌水投资高等。因此，要因地制宜、稳步发展，推广喷灌技术。

（3）滴灌。滴灌是一种新型高效用水灌溉技术，根据植物的需水要求，通过低压管道系统，将水加压、过滤后，把灌溉水（或化肥溶液）均匀而又缓慢地滴入作物根部附近的土层中，使作物主要根区的土壤经常保持在适宜于作物生长的最佳含水量。滴灌最为突出的优点是节省水，它比地面灌溉节水 50%~60%，比喷灌节水 15%~20%，但投入较大。

（七）田间管理

1. 苗期管理

当花生出苗后，要及时进行查苗，发现缺苗严重，要及时补种。

覆膜播种花生在出苗阶段，要及时检查，花生幼苗不能自动穿破地膜的，要人工及时破膜开孔放苗，以免造成膜内高温发生烤苗，放苗应在上午 10 时前或下午 4 时后进行。

2. 清棵蹲苗

露地花生栽培，在花生出苗后要及时破膜、清棵，即把花生幼苗基部周围的土扒开，使两片子叶露出地表，其作用：一可促进幼苗第一、第二对侧枝健壮生长，节间短壮，二次分枝早生快发；二可促使有效花芽及早分化，为花多针齐和果多果饱打下基础；三可促进根系生长，增强抗旱耐涝能力；四可减少幼苗周围的护根草，并可减轻蚜虫危害。

清棵时间以花生基本齐苗为宜；清棵深度以子叶出土为度，不宜过深；清棵时不能碰掉子叶；清棵后不能接着中耕，待 15~20 d 第一对侧枝充分发育后，再进行第二次中耕，完成清棵蹲苗过程。

地膜覆盖花生栽培，应在幼苗顶土刚露绿叶时开膜孔，并随即在膜孔上盖上厚 3~4 cm 的土堆，使幼苗避光出土，引升子叶节出膜面，然后将膜上土堆撤掉，并将个别苗株伸入膜下的侧枝提出膜面，即可起到清棵蹲苗的作用。

3. 中耕除草

露地花生栽培应适时中耕除草，一般中耕 2 次，第一次在花生基本齐苗后清棵蹲苗前进行。要做到深锄破除土壤板结层。第二次中耕在清棵后 15~20 d 进行，要浅锄，刮净杂草，花生基部尽量少掩土。除草时注意防止苗期壅土压苗，花期防止损伤果针。

由于覆膜花生垄面不能中耕，花生覆膜播种前必须喷除草剂。

膜外垄沟要及时划锄，防止杂草滋生，膜内发现杂草时，用土压在杂草顶端地膜上面，3~5 d 杂草便会死亡。

4. 控制徒长

花生进入花针期生长开始加快，在花生下针后期至结荚前期，主茎高度达到 35~40 cm 时，要及时进行化控，防止植株徒长。每 667 m² 用 15%多效唑 30~50 g，或壮饱安 20~30 g，兑水 40~50 kg，叶面喷施，施药后 10~15 d，如果主茎高度超过 40 cm，可再喷施 1 次，使株高控制在 45 cm 左右。多效唑可能加重叶斑病，后期应加强叶斑病的防治。

5. 病虫害防治

花生主要病虫害有苗期的蚜虫，中后期的叶斑病、蛴螬，要及时药剂防治，防治方法如下。

蚜虫：花生蚜虫是一种常发性害虫。防治蚜虫选用 30%蚜克灵可湿性粉剂、2.5%扑蚜虱可湿性粉剂、10%吡虫啉可湿性粉剂等，叶面喷雾防治，药效可维持 10~20 d。

蛴螬：蛴螬是金龟甲幼虫的总称，蛴螬的成虫称金龟甲。防治方法：可在播种时每 667 m² 用 30%辛硫磷微囊悬浮剂、30%毒死蜱微囊悬浮剂拌种，或用 5%辛硫磷颗粒剂 2.5~3.0 kg/667 m² 处理土壤。

叶斑病：包括褐斑病和黑斑病，在花生生长中后期形成发病高峰。叶面喷施广谱杀菌剂 75%百菌清可湿性粉剂、50%多菌灵可湿性粉剂、70%代森锰锌可湿性粉剂等，间隔 10~15 d，连续使用 2~3 次，有较好的防控效果。

（八）收获

花生成熟后，一般植株茎枝变黄，下部叶片脱落，群体大部分荚果果壳硬化，网纹清晰，果皮外表呈现铁青色，果壳内壁发生青褐色斑片。荚果的成熟度：中熟大果品种，单株荚果以 50%~70%的饱果为准；早熟中果品种以 75%~85%饱果为准，即为收获适期。收获过早荚果不饱满、秕果多，影响花生产量，收获过晚出现芽果和伏果，影响质量。

种子收获后，应及时晾晒，使其含水量低于 10%，然后去杂，拣净，装入种子袋内，放在通风干燥的地方保存。

第二节　夏播花生栽培技术

我国黄淮海地区北起长城，南至桐柏山、大别山北麓，西倚太行山和豫西伏牛山，东濒渤海和黄海，其主体为由黄河、淮河与海河及其支流冲积而成的黄淮海平原，以及与其相毗连的鲁中南丘陵和山东半岛。黄淮海地区夏花生主要分布在北京、天津、山东的全部省区，河北及河南两省的大部分，以及江苏、安徽两省的淮北地区。本节根据种植模式不同，主要描述麦套花生栽培技术、麦后夏直播花生栽培技术、蒜套花生栽培技术和蒜后夏直播花生栽培技术等。

一、麦套花生栽培技术

麦套花生是黄淮海地区主要种植方式，是小麦收获前将花生播种在麦垄里，这种间作套种花生的种植模式，实现了一年两熟制，保证花生、小麦双丰收。麦套花生播种后与小麦有一段共生期，形成一种复合的生物群体，使得花生有较长的生长期，有效花期、产量形成期和饱果期均长于夏直播花生。这不利因素主要是遮光，由于光照不足，近地表层气温比露地低 2~5 ℃；其次是在花生和小麦共生期间争水争肥现象突出，致使花生播种后出苗慢，主茎基部节间细长，侧枝不够发达，根系弱，基部花芽分化少，始花期晚，叶色黄，植株生长瘦弱，田间呈现"高脚苗"的长相，干物质积累少，影响花生的产量和品质。因此，麦套花生在栽培措施上应促中期生长，并延长这一生长高峰的持续时间，协调发展，更好地发挥其增产作用，争取麦套花生高产。

（一）科学选种，提高种子质量

1. 科学选择品种

小麦要选用早熟、矮秆、抗逆性强、株型紧凑的高产稳产品种，花生应选用生育期在125 d以内的中早熟高产品种。

2. 注重种子质量

花生播种前要做好选种、晒种、精选、包衣等种子加工工作，提高种子质量，确保花生种子饱满、均匀、活力强。

（1）选种。选种应从收获开始。在长势好、纯度高的丰产田中，选择具有品种特征的植株，剔除杂株和受病害侵染的劣株，单收、单晒、单独脱果，选择成熟饱满的荚果留种，数量要比下年计划用种量多些，每667 m²留种荚果不少于30 kg，以便剥壳后分级粒选。

（2）晒种。晒种可使种子干燥，增强种皮透性，提高种子的渗透压，以增强吸水能力，促进种子的萌动发芽，特别是对成熟度差和贮藏期间受过潮的种子效果更为明显。晒种对被病菌侵染的种子，可以起到杀菌作用，提高种子生活力，促进种子萌发。晒种选在晴天上午10时左右，把种子放在土场上晒，厚约6 cm，一般晒2~3 d即可。晒种时不要放在水泥场或石板上晒，以免温度过高，灼伤种子，损害种子发芽力。花生晒种实际上是晒果，因为花生种子直接暴晒极易使种皮变脆爆裂，使种子失去保护，引起烂种，所以一定要带壳晒果，及时翻动，力求晒得均匀一致。

（3）剥壳。花生剥壳不宜太早，因剥壳后的种子容易吸收水分，增强呼吸作用，加快酶的活动，促进物质的转化，消耗大量的养分，降低发芽能力。因此，留种花生的剥壳时间离播种期越近越好。但在花生集中产区，播种面积较大，用种数量多，随剥随种确有困难，多趁春季农闲时剥壳。如果剥壳较早，须将剥出的籽仁同果壳混在一起，贮藏在干燥通风的地方，到播种时再把籽仁和果壳分开，以减少因籽仁受潮对发芽率的影响。

（4）包衣。根据当地病虫害发生流行规律，播种前，用符合绿色生产标准的杀虫剂与杀菌剂混合拌种或包衣防治花生叶斑病、根茎腐病、白绢病、苗期蚜虫、蓟马以及蛴螬、蝼蛄、金针虫等病虫害。

蛴螬发生严重地块，可用 18% 氟腈·毒死蜱悬浮种衣剂 1：（50~100）药种比进行种子包衣，或每 667 m^2 用 1 000 ml 30% 辛硫磷微囊悬浮剂拌种，或用 50% 辛硫磷乳油或 40% 毒死蜱乳油 0.2~0.25 kg 拌毒土撒施。

花生根茎腐病、白绢病危害严重的地块，可采用可湿性多菌灵粉剂；或 6% 咯菌腈·精甲霜·噻呋悬浮种衣剂（750~1 000 ml/100 kg 种子）进行种子包衣。

花生蚜虫、蛴螬等混合发生严重田块，可用 25% 噻虫·咯·霜灵悬浮种衣剂（300~700 ml/100 kg 种子）进行种子包衣，或 30% 吡·萎·福美双种子处理悬浮剂（667~1 000 ml/100 kg 种子）进行拌种。

（二）适期足墒播种，提高播种质量

麦套花生要做到适期播种、足墒播种、合理密植等，较高的出苗质量和适宜的群体密度才能打好丰产基础。麦套花生由于是在小麦行间进行播种，此时小麦处于生长后期，行间较密闭，不便于行间操作，特别在高产小麦田块纯人工播种效率很低，目前在生产上广泛推广应用的是半机械化播种耧进行播种。

1. 播种时间

播种太早，花生小麦共生期长，花生易形成高脚弱苗，影响花生的生长发育及花芽分化；播种过晚，影响花生的全程发育，不能最大限度地满足花生对积温的要求，荚果不能充实饱满，达不到延长生育日数，增产增收的目的，同时也会加大在麦收过程中对花生幼苗的损伤程度。黄淮海产区适宜套种期掌握在小麦与花生共生期以 15~20 d 为宜，高水肥地适当晚播、旱薄地适当早播。

2. 足墒播种

花生播种适宜的土壤水分含量为田间最大持水量的 70% 左右，

墒情不足的地块要造墒播种。

3. 播种密度

麦套花生播种有半机械化播种篓种植和人工点播两种形式，播种时，尽可能地保护小麦植株。大果型花生每 667 m² 种植密度 10 000 穴左右，小果型花生每 667 m² 种植密度 11 000 穴左右，每穴 2 粒。播种深度，控制在 3~5 cm。

（三）精准调控水肥，优化花生群体结构

麦套花生生育期较短，在田间管理上要以促为主，促控结合，不断优化群体结构和植株质量，培育健壮植株，提高免疫力，增强植株抗病抗逆性。

1. 施足底肥，中耕追肥，叶面补肥

（1）施足底肥。麦套花生主要依靠麦茬地力，因此麦套花生的施肥要一肥两用。在秋收后、种麦前，要一次性施足小麦、花生两茬所需要的肥料。小麦整地时，结合深耕每 667 m² 施优质农家肥 4 000~6 000 kg，施总养分含量 45% 以上、氮磷钾配方 20-15-10 高浓度复混肥 40~50 kg；3 月下旬至 4 月初有机无机肥结合，追施小麦返青拔节肥，既促进小麦增产，又为花生预施底肥；连作田建议增施有机土壤调理剂或生物改良剂；根据土壤丰缺状况，辅施适量的硫、锌、铁、硼等中微量元素。

（2）中耕追肥。麦套花生一般是结合中耕灭茬、浇水，施提苗肥，追肥种类以氮肥为主，一般每 667 m² 施尿素 8~10 kg，过磷酸钙 20 kg，或花生专用肥 15~20 kg；开花下针期追肥以氮、磷肥为主，结合中耕，每 667 m² 追施尿素 10~15 kg 或三元复合肥 25~30 kg，有条件的每 667 m² 可增施生石灰（碱性土壤）或石膏粉（酸性土壤）20~30 kg。

（3）叶面补肥。花生结荚后期，花生根部老化，吸水吸肥能力降低，不能满足花生对养分的需求，应及时叶面追施 1% 的尿素和 2%~3% 的过磷酸钙水溶液或 0.2%~0.3% 磷酸二氢钾水溶液，或其他叶面肥 1~2 次，进行叶面补肥，以满足花生对养分的需求。

每次每 667 m² 喷施 40~50 kg 溶液，防早衰，以延长顶叶功能期，提高光合产物转换速率，增加荚果饱满度，提高花生产量。

2. 灭茬培土，合理灌溉

（1）灭茬培土。花生与小麦共生期，由于花生在下层缺少阳光和水肥，易造成幼苗脚高脆弱，叶色发黄，麦收后缓苗 5~7 d后，即始花前要及时灭茬灭草，消灭杂草，破除土壤板结，以调节土壤中水、气、热状况，增加土壤通透性，促进根系根瘤发育及侧枝生长，以培育壮苗。

（2）合理灌溉。根据花生不同生育时期需水规律做到合理浇灌。苗期视土壤墒情及时灌溉，促苗早发，不太干旱的情况下一般不宜浇水；花针期和结荚期是花生生长发育需水的敏感期，干旱时应及时灌溉，保证水分充足，促进开花下针结果，以提高荚果饱满度。同时，应保持田间"三沟"相通，注意排水防涝。

3. 化学除草，因苗促控

小麦收获后，在杂草 2~4 叶期，每 667 m² 用 11.8% 精喹·乳氟禾乳油 30~40 ml，或 15% 精喹·氟磺胺乳油 100~140 ml，茎叶均匀喷雾，防除禾本科杂草及阔叶杂草。

4. 适时控旺

在花生株高 35 cm 左右时，花生叶片浓绿有旺长趋势的田块应及时喷施植物生长调节剂控旺防倒。调节剂的使用应严格按照使用说明进行使用，切忌浓度过小或过大：浓度过小时，起不到应有的控制效果；浓度过大时，严重抑制植株正常生长，且花生荚果易畸形、变小，导致减产。喷施时间一般于上午 10 时前或下午 4 时后进行，每 667 m² 用 5% 烯效唑可湿性粉剂 20~30 g 兑水 20~25 kg；或 10% 的调环酸钙悬浮液 30~40 ml 兑水 20~25 kg，叶面均匀喷雾，控制旺长，可连喷 1~2 次，间隔 7~10 d。烯效唑与多效唑相比，相同药量，烯效唑在植物体内和土壤中降解较快，建议使用烯效唑。

（四）绿色综合防控

1. 合理深耕

麦套花生建议每 3 年进行深耕 1 次，改善土壤生态环境，减轻连作障碍，同时减轻花生土传病害及部分叶部病害的发生。

2. 选用抗病品种，进行种子处理

花生青枯病发生严重的地区，应选择高抗青枯病的品种。播种前对种子进行包衣或拌种，预防花生根腐病、茎腐病、冠腐病等土传病害，以及蛴螬等地下害虫。

3. 理化诱控

提倡全程采用生物、物理防治相结合的方式进行诱杀害虫。例如，使用杀虫频振灯、色板、性诱剂、食诱剂等诱控技术灭杀棉铃虫、甜菜夜蛾、蛴螬、地老虎等害虫，降低虫源基数。

4. 健康栽培与抗逆调控

通过合理排灌、科学施肥、及时清洁田园，麦套花生苗期施提苗肥、喷施植物生长调节剂或免疫诱抗剂等健康栽培措施，提高植株抗逆性，降低病虫发生、危害风险。

5. 做好应急防控

田间病虫发生初期，及时喷施适宜的杀虫剂、杀菌剂等进行防治。

防治花生褐斑病、黑斑病、网斑病等叶部病害，宜于发病初期，均匀喷施吡唑醚菌酯、戊唑醇单剂或苯甲·嘧菌酯、唑醚·代森联等复配制剂进行防控，隔 7~10 d 喷 1 次，连喷 2~3 次。

防治花生白绢病、根茎腐病、果腐病，宜于花生结荚初期，采用 20%噻呋·戊唑醇悬浮剂兑水稀释，每 667 m^2 用药液 100~150 kg，喷淋浇灌花生根部 1 次，或采用 70%甲基托布津可湿性粉剂 800~1 000 倍液喷雾或施用菌核净、异菌脲、苯并咪唑类药剂灌根或茎部喷施等。

防治蚜虫、蓟马和粉虱，可喷施噻虫嗪等新烟碱类农药或阿维·虱螨脲等杀虫剂；防治棉铃虫、斜纹夜蛾、甜菜夜蛾，应在害虫 3 龄之前，喷施 10% 吡虫啉可湿性粉剂 2 000～2 500 倍液、10% 氯氰菊酯乳油 1 000～1 500 倍液、氯虫苯甲酰胺、甲维盐、茚虫威、虫螨腈或其复配制剂等。

（五）收获与储藏

1. 收获

适时收获是保证花生丰产丰收的重要环节。收获过早，荚果尚未完全成熟，饱满度差；收获过晚，荚果容易发芽、落果和沤果。过早过晚均影响花生产量和品质。如果作为种子，还会影响花生发芽率和田间长势。收获时间应该根据花生成熟期早晚确定，如何掌握成熟期是确定花生收获时间的关键。

花生成熟的标志：一般花生品种，成熟的花生地上部表现为，茎叶变黄、中下部叶片脱落；地下部表现，有 80% 以上荚果已经成熟饱满；抗病性强的花生品种，后期茎叶功能好，花生成熟时地上部茎叶不完全变黄，要根据这些品种的生育期，再结合地下部荚果的饱满程度来判定该品种是否成熟；生茬地种植的花生，生长后期茎叶功能比较好，也要根据品种生育期来判定该品种是否成熟。

2. 储藏

适时收获后，应抓住有利的天气条件，及时晾晒、脱果，并进行种子挑选，待充分晾晒或烘干干燥，当荚果含水量降到 10% 以下时，及时入库储藏。

在花生收获和摘果过程中，为提高花生品质品相，应避免发生机械混杂，尽量做到分品种专收专储，注意防杂保纯。不同花生品种的良种繁育田要单收、单晒，单独摘果、单独运送、单独储藏。

二、麦后夏直播花生栽培技术

麦后夏直播花生是花生与小麦接茬轮作，在小麦收获后的田块上进行播种花生，形成了与当地生态条件相适应的小麦与花生一年两熟制种植模式。夏直播花生由于播种时间相对较晚，且花生生育期间雨热同季，生育特点主要是生长发育迅速，各生育阶段相应缩短，全生育期一般只有 105～115 d，具有苗期短、有效花期短、饱果成熟期短、生长进程快等特点。由于夏直播花生便于机械化操作、省时、省力，近年来，随着种植业结构的调整和机械化播种技术的普及，两熟制条件下花生高产栽培技术引起高度重视，因此，夏直播花生种植面积逐年提高，目前已成为黄淮海地区花生栽培的主要方式。

（一）品种选择

麦后夏直播花生主要是与小麦接茬轮作，生育期限定在小麦收获后至下季小麦秋播前，这就要求小麦品种宜选用既适合晚播又早熟的，为夏直播花生留有足够的生长期。花生品种宜选用生育期在 115 d 以内的高产、优质、多抗的早熟花生品种。

（二）施肥整地

夏直播花生生育期短，缺肥极易影响花生植株生长发育，因此，播前应施足基肥，增施有机肥，补充速效肥，巧施微肥。一般每 667 m^2 施有机肥 3 000～5 000 kg、纯氮 10～15 kg、五氧化二磷 5～10 kg、硫酸钾 8～10 kg、硫酸钙（生石膏 $CaSO_4 \cdot 2H_2O$）（碱性土壤）25～30 kg、氧化钙（生石灰 CaO）（酸性土壤）8～10 kg，硫酸锌 1 kg。同时，生产中应注意硼、钼、铁等微量元素配施。

精细整地对于提高夏直播花生播种质量极为重要，特别是对于机械化播种，有利于实现夏花生的苗全苗壮，促进花生植株生长发育，提高荚果产量。保证整地质量的关键是机械化收获小麦时，确保所留的麦茬要低，田间小麦秸秆要清除，耕地时土壤墒情要适宜，真正做到精耕细耙，地面平整，确保无大块土疙瘩及其他杂物。在麦秸粉碎（<5 cm）深翻后旋耕 15～20 cm，耙平耙匀。连作地块深耕深翻 30～33 cm，平衡调节养分，灭杀病虫卵，降低病虫害发生基数。

（三）抢时播种、适当增加种植密度

前茬小麦收获后，应及时播种，越早越好。夏直播花生产量与

播种早晚高度正相关，播种越早产量越高。麦后直播力争 6 月 15 日前播种完毕。播种时土壤相对含水量 60%~70% 为宜，来不及造墒则叮先播种后浇蒙头水。抢墒播种要做到有墒不等时，时到不等墒。

夏花生生育期较短，个体发育差，单株生产力低，因此，应适当加大种植密度，依靠群体提高花生产量。双粒播种时，大果型花生种植密度为 11 000~12 000穴/667 m²，小果型花生种植密度为 12 000~13 000穴/667 m²；单粒播种时，大果型花生种植密度为 16 000~17 000 穴/667 m²，中小果型花生种植密度为 17 000~18 000 穴/667 m²。

麦后夏直播花生一般情况是机械化起垄播种，规格 80~90 cm 一带，垄面宽 55~60 cm，沟宽 20~30 cm，垄深 12~15 cm，一垄双行，种植行与垄边 10~15 cm 距离。也有个别花生产区采用花生播种机进行铁茬播种。

(四) 加强田间管理

1. 放苗补苗

因种子质量、土壤墒情不适、病虫危害等原因影响，花生播种后往往会出现缺苗断垄的现象，因此，花生出苗后，应及时查苗、补苗。覆膜种植花生播种后 10 d 左右出现 2 片真叶时，应及时破膜，防止出现高温烧苗现象。

2. 水肥管理

足墒播种的花生田，苗期一般不需浇水，特别干旱时可适当小水润浇。花针期和结荚期，花生叶片中午前后出现萎蔫时，应及时浇水。结荚后，若雨水较多，应及时排水防涝。

肥力低或基肥用量不足的地块，幼苗生长不良时，应早追苗肥，每 667 m² 应追施尿素 10~15 kg，追肥期宜早不宜晚。花生下针前后，前期有效花大量开放，大批果针陆续入土结实，对养分的需求量会急剧增加，此时应依据花生植株长势长相，及时追氮磷钾复合肥，每 667 m² 应追施氮磷钾复合肥 15~20 kg。

3. 中耕除草

苗期中耕的主要作用是壮苗早发。旱时中耕能切断土壤毛细管，防止土壤水分蒸发，保墒抗旱，有利于茎枝分枝发展。涝时中耕能打破土壤板结层，增强土壤通透性，散墒增温，有利于根系下扎，壮苗促长。夏直播花生出苗后应及时中耕松土，给花生早发创造良好的环境条件。

麦后夏直播应采用芽前除草剂，结合播种一次完成。每667 m²用乙草胺 52~78 ml+丙炔氟草胺 1.5~2.0 ml，兑水 30~40 kg 进行土壤封闭处理。在杂草 2~4 叶期，每 667 m²用 11.8%精喹·乳氟禾乳油 30~40 ml，或 15%精喹·氟磺胺乳油 100~140 ml，对杂草茎叶均匀喷雾，防除禾本科杂草及阔叶杂草。

麦后夏直播花生种子处理、化学调控、病虫害防治、叶面施肥、收获储藏等管理措施见麦垄套种花生栽培技术。

三、蒜套花生栽培技术

大蒜套种花生是大蒜行间套种花生的一种套种模式，一方面可以充分利用土地、光温条件，实现大蒜稳产、花生高产高效生产，不仅增加油料作物生产；另一方面更好推动大蒜产业健康快速发展，是促进花生和大蒜协同发展、农民增收、农业增效的有效途径。大蒜套种花生，花生生产的同时保障大蒜收益，为市场提供优质的花生原材料，满足加工企业对优质花生的需求，实现大蒜稳产，保障农民持续增收，对保持农产品质量安全、提高农民收入、推动花生产业发展及完善大蒜产业链条发展具有重要意义。

（一）套种方式和品种选择

1. 套种方式

大蒜行间套种花生，大蒜和花生行数比为 2：1。

2. 品种选择

花生品种宜选择综合性状优良、生育期在 115 d 以内的早熟优质花生品种；大蒜品种宜选用适宜本地种植的大蒜或引进的优质、丰产、抗病虫性和适应性强的中早熟大蒜品种。

3. 播种时间及方式

大蒜于 9 月 25 日—10 月 5 日播种，花生适宜播种期为 5 月中上旬。

大蒜播种多采取人工点播方式，播种密度为 2.3 万~2.8 万株/667 m²；花生播种可采取人工点播或机械播种两种方式进行，其中机械播种宜采用小型花生播种机播种，播深 3~5 cm。双粒播种时，大果型花生品种播种密度为 10 000~11 000 穴/667 m²，中小果型花生品种为 11 000~12 000 穴/667 m²；单粒播种时，大果型花生品种播种密度为 16 000~17 000 穴/667 m²，中小果型花生品种播种密度为 17 000~18 000 穴/667 m²。

（二）施肥整地

大蒜覆膜栽培，在大蒜播种前结合耕地施足底肥，每 667 m² 施用尿素 30~40 kg、过磷酸钙 60~80 kg、硫酸钾 20~25 kg、石膏粉（碱性土壤）或生石灰（酸性土壤）30~50 kg，有条件的地方每 667 m² 可增施腐熟农家肥 3 000~4 000 kg，也可每 667 m² 施用三元复合肥（15-15-15）50~75 kg。

蒜套花生种子处理、化学调控、病虫害防治、叶面施肥、收获储藏等管理措施见麦垄套种花生栽培技术。

四、蒜后夏直播花生栽培技术

蒜后直播花生是我国黄淮海大蒜产区夏花生种植的主要方式之一。在广大蒜茬花生产区进行蒜后直播花生符合当地花生种植习惯，蒜后夏直播花生栽培技术对发展和指导蒜茬直播花生生产，提高花生产量，确保油脂供应安全和推动我国花生产业化高质量发展具有重大的现实意义。

（一）品种选择

花生品种宜选用综合性状优良、生育期在 115 d 以内的早熟花生品种；大蒜品种选用早熟、高产、优质、抗病的大蒜品种。

（二）整地施肥

花生播种后，植株生长发育迅速，需要的养分相对多而集中，底肥一定要施足。整地前每 667 m^2 施优质腐熟有机肥 2 000~3 000 kg、尿素 15~20 kg、过磷酸钙 30~50 kg、硫酸钾 10~15 kg、缺钙地块施入石膏粉或生石灰 25~30 kg，在犁地前撒于地表，随犁地翻入耕层，以满足花生植株后期对肥力的需求，增加荚果的饱满度。也可每 667 m^2 施用三元复合肥（15-15-15）40~50 kg。

（三）播种及播种密度

1. 播种期

在适宜播种期内，提早播种可以延长花生生育期，最大限度发挥品种的产量潜力，提高花生产量。适宜播种期为5月中下旬。宜采用机械起垄覆膜种植，规格 80~90 cm 一带，垄面宽 55~60 cm，沟宽 20~30 cm，垄深 12~15 cm，一垄双行，种植行与垄边 10~15 cm 距离，播深 3~5 cm，做到干不种浅，湿不种深。墒情不足时，应在播种前浇水造墒。

2. 播种密度

根据播种时期、肥力水平等因素确定花生合理种植密度。双粒播种时，大果型花生品种播种密度为 10 000~11 000穴/667 m^2，中小果型品种播种密度为 11 000~12 000穴/667 m^2。单粒播种时，大果型花生品种播种密度为 16 000~17 000穴/667 m^2，中小果型品种播种密度为 17 000~18 000穴/667 m^2。中上等肥力地块，花生能得到充足的养分供应，种植密度可适当小些。中等肥力及以下地块，花生生长发育受到一定限制，密度应大一些。

（四）减少地膜污染

地膜覆盖栽培要选用诱导期适宜、展铺性良好、降解物无公害的可降解地膜或厚度（0.01±0.002）mm 的聚乙烯地膜。收获期捡拾残膜，减少秸秆与环境污染。

蒜后夏直播花生种子处理、化学调控、病虫害防治、叶面施肥、收获储藏等管理措施见麦垄套种花生栽培技术。

第三节　花生单粒精播栽培技术

一、技术概述

(一) 技术基本情况

花生常规种植方式一般每穴播种 2 粒或多粒，以确保收获密度。但群体与个体矛盾突出，同穴植株间存在株间竞争，易出现大小苗、早衰，单株结果数及饱果率难以提升，限制了花生产量进一步提高。单粒精播能够保障花生苗齐、苗壮，提高幼苗素质；再配套合理密度、优化肥水等措施，能够延长花生生育期，显著提高群体质量和经济系数，充分发挥高产潜力。与传统播种方式相比，单粒精播技术可使花生增产 5%~7%。此外，花生穴播 2 粒或多粒用种量很大，用种量占花生总产量的 8%~10%，单粒精播技术节约用种显著，可节约用种 6~7 kg/667 m²。推广应用单粒精播技术对花生提质增效具有十分重要意义。

(二) 技术示范推广情况

单粒精播技术先后作为省级地方标准和农业行业标准发布实施。连续多年被列为山东省和农业农村部主推技术。连续多年实收超过 750 kg/667 m²，其中 2014 年在山东省莒南县实收产量达到 752.6 kg/667 m²；2015 年在山东省平度市实收产量达到 782.6 kg/667 m²，挖掘了花生单粒精播高产潜力，为我国花生实收高产典型。目前，该技术在全国推广应用，获得良好效果；山东省累计推广 133.3 余万 hm²。

(三) 提质增效情况

较常规双粒或多粒播种，单粒精播技术亩节种约 20%、平均增产 8%，花生饱满度及品质显著提升，节本增效 150 元/667 m²以上。

二、技术要点

(一) 精选种子

花生单粒精播高产栽培取得高产高效的基础，就是要保证每一颗种子都能充分发挥生产潜力。因此，要选用增产潜力大、综合抗性好、品质优良的品种。为确保种子发芽率高均匀一致，要精选种子，确保发芽率在95%以上。

1. 带壳晒果

在播种前选择晴朗的天气，将花生果摊开晾晒，连晒 2~3 d。晒果能打破种子休眠杀死果壳上的病菌，对预防枯萎病有明显的效果，同时促进种子入土后吸水，促进种子萌发，提高出苗整齐度。

2. 种子挑选分级

按照大小和饱满程度对种子进行粒选分级，以确保种子纯度和质量。播种时首选一级种子，在种子不充足的情况下再选用2级种子并分别播种，不能混播。

3. 药剂拌种 (包衣)

种子选好后要进行药剂拌种，以防止苗期病虫危害，确保一播全苗。

(二) 平衡施肥

根据花生需肥规律和地力情况，配方施用化肥，增施有机肥和钙肥，提倡施用花生专用缓控释肥，确保养分全面平衡供应。施肥方法：将有机肥和无机肥组成基肥的 2/3 结合耕翻施入犁底，1/3 的基肥结合春季浅耕或起垄施入浅层，以满足生育前期和结果层的需要。

(三) 深耕整地

花生是地上开花、地下结果的作物，对土壤的要求与其他作物不同，根系的生长发育需要有一个良好的土壤环境，深耕可以加深活土层，提高土壤通透性和蓄水保肥能力，促进土壤养分转化和根系的生长。深耕要结合施肥进行。深耕施肥，这不仅可提供花生生长所需要的养分，同时有利于土壤的进一步熟化和改善土壤肥力状况。

（四）适期足墒播种

适期播种是花生苗齐苗壮，夺取高产的基础。花生播种一般在5 cm 土壤日平均地温稳定在 15 ℃以上，土壤含水量确保 65%～70%。春花生适播期为 4 月下旬至 5 月上旬，夏直播花生应抢时早播。足墒播种确保一播全苗。

（五）单粒精播

可选用 2BFD-2 花生单粒播种机，达到起垄、播种、施肥、喷药、覆膜、膜上压土等作业一次完成，每 667 m² 播 12 000～15 000粒（穴），并确保播种质量。播深 3～5 cm，覆膜压土播深约 3 cm。密度要根据地力、品种、耕作方式和幼苗素质等情况来确定。肥力高、晚熟品种、春播、覆膜、苗壮，或分枝多、半匍匐型品种，宜降低密度，反之增加密度。生育期较短的夏播花生根据情况适当增加密度。

（六）肥水调控

花生生长关键时期，遇旱适时适量浇水，遇涝及时排水，确保适宜的土壤墒情。花生生长中后期，酌情化控和叶面喷肥，雨水多、肥力好的地块，宜在主茎高 28～30 cm 开始化控，提倡"提早、减量、增次"化控，确保植株不旺长、不脱肥。

（七）防治病虫害

采用综合防治措施，严控病虫危害，确保不缺株、叶片不受危害。

三、注意事项

要注意精选种子确保种子发芽率在 95%以上。密度要重点考虑幼苗素质，苗壮、单株生产力高，降低播种密度，反之则增加密度；肥水条件好的高产地块宜减小密度，旱（薄）地、盐碱地等肥力较差的地块适当增加密度。

第四节　花生绿色栽培技术

一、生产环境

生产基地应选择在空气清新，水质洁净，无污染和生态条件良好的地区，远离工矿区和铁路干线。地块应选择肥力中等以上、排灌方便、土传病害轻的中性或微酸、微碱性土壤，以土层深厚、富含有机质、地力较肥沃、易于排涝、土质疏松、通透性良好的轻壤土或沙壤土为宜。较黏重的土壤压含磷风化石或河沙 20 m^3/667 m^2，沙性较大的地块压 10 m^3/667 m^2 左右的黏土进行改良，对易出现涝害的地块提前挖好排水沟。

二、品种选择

（一）选择原则

选用通过国家或省级部门审（鉴、认）定或登记的花生品种，种子质量应达到纯度≥96%、净度≥99%、发芽率≥80%、含水量<10%等标准。

品种应选择适应当地气候条件、种植模式、优质、专用、抗逆性强的花生品种，生产用种要 3 年更新 1 次。一般应具备以下 4 个条件：一是内在品质优良，果型、粒型好，结果集中；二是抗性强，耐病虫侵袭；三是产量相对较高；四是生活力旺盛，本身不带病菌和虫源。

（二）春播

1. 播期

春播花生一般在 5 日内 5 cm 平均地温稳定在 15 ℃以上播种；对于高油酸品种，宜选择 5 日内 5 cm 平均地温稳定在 18 ℃以上播种；珍珠豆型小花生 12 ℃以上播种。春花生在墒情有保障的地方不早播，确保生长发育和季节进程同步，避免倒春寒影响花生出苗和饱果期遇雨季而导致烂果。黄淮海地区春播大花生，一般播期为

4 月下旬到 5 月上旬，地膜覆盖栽培可提前至 4 月中下旬，小花生可提前到 4 月中旬。

2. 品种选择

黄淮海地区一年一熟制春播宜选用中晚熟大果型花生品种，生育期一般为 125~130 d，适宜品种为丰花 1 号、花育 22 号、花育 25 号、山花 10 号、潍花 8 号、花育 33 号和高油酸花生品种冀花 13 号、花育 917、开农 1715 等。

（三）夏直播

1. 播期

麦后夏直播花生，一般在 5 月下旬到 6 月上中旬夏收后及时抢墒播种。

2. 品种选择

麦后夏直播宜选用中早熟品种，生育期一般为 100~110 d，适宜品种为山花 10 号、潍花 14 号、花育 33 号、花育 52 号、徐花 14 号、豫花 22 号、远杂 9847 等。

三、整地、播种

（一）整地

前茬作物收获后及时清运秸秆或者粉碎灭茬，及时耕翻，精细整地，耕地前应施足底肥。做到深耕细耙，地面平整，确保无垡块、秸秆、杂草等杂物。

结合增施有机肥等措施进行深耕翻，加厚活土层，培肥熟化土壤，是花生增产的有效措施，丘陵中低产田尤为重要。一般每隔 3~4 年宜深耕 1 次，耕深 25 cm，深耕 30~35 cm，时间以秋末冬初进行为最好，冬耕宜深，春耕宜浅。轮作头茬深耕，后茬浅耕。冬耕后要耙平耙细，早春要及时顶凌耙地保墒。

（二）播种

1. 种子处理

播种前 10~15 d 内剥壳，剥壳前可选择晴天带壳晒种 2~3 d，结合剥壳剔除病果、烂果、秕果，选择籽粒饱满、皮色鲜亮、无病斑、无破损的种子。将剥壳后的花生米按米粒的大小分成 3 级，选米粒较大的一级、二级作种子。

播种前用咯菌清+吡虫啉+精甲霜灵、多菌灵可湿性粉剂等拌种，拌种后阴干，切勿太阳暴晒。化学种衣剂拌种后，可用 150 ml 液体根瘤菌拌 15～20 kg 种子，根瘤菌拌种后要阴干及时播种。注意拌种用的菌液不能兑水，菌剂保存在阴凉干燥处（4～25 ℃），开袋后一次性用完。

2. 种植密度

春播一般每 667 m² 种植 8 000～10 000穴，每穴播种两粒，播种深度 3～5 cm。机械化单粒播种时，种植密度为 15 000 穴/667 m²。麦后夏直播一般种植密度为 12 000～13 000 穴/667 m²，双粒播种；机械化单粒播种时，种植密度为 16 000～18 000 穴/667 m²。

3. 足墒播种

花生播种时底墒要足，墒情不足时，应造墒播种。适宜墒情为土壤最大持水量的 70%左右（土壤手握成团，松开落地即散）。

4. 种植方式

种植方式一般采用起垄覆膜种植。起垄种植一般采用一垄双行，垄高为 10～15 cm，垄距为 80～90 cm，垄面宽 50～60 cm，垄上播 2 行，垄上小行距为 30～40 cm，花生种植行与垄边有 10 cm 以上的距离，播深 3 cm 左右。穴距要均，播深要一致。地膜覆盖，宜选用厚度 0.01 mm、符合 GB 13735—2017 标准规定的地膜或全生物可降解地膜。

5. 机械播种应注意的问题

提高整地质量：机播前用旋耕机结合施肥将土壤旋打 2～3 遍，做到地平、土细、肥料匀。

适墒播种：不仅有利于提高播种质量，而且有利于苗全苗壮。

控制机器施肥数量：肥料最好撒施，通过机器施肥的数量不能超过全部化肥用量的 1/4~1/3。

控制好垄距：春播垄距控制在 80~90 cm，最好为 85 cm 左右。避免垄间太宽，垄面太窄的现象。

选好种子：以 2 级米为主，剔除 3 级米和过大的米，种子大小越匀越好。

四、施肥

花生绿色生产肥料使用原则：一是有机无机养分相结合、提高土壤有机质含量和肥力原则，通过增施有机肥改善土壤物理、化学与生物性质，构建高产、抗逆的健康土壤；二是合理增施有机肥原则，根据土壤性质、花生需肥规律、肥料特征，合理使用有机肥，改善土壤理化性质，提高花生产量与品质；三是补充中微量养分原则，根据土壤养分丰缺和花生需肥规律，适当补充钙、镁、硫、锌、硼等养分；四是安全优质原则，使用的肥料产品安全、优质，有机肥腐熟好，肥料中重金属、有害微生物、抗生素等有毒有害物质限量符合 GB/T 38400—2019 的要求。

花生播种前结合耕翻、整地和起垄一次施足基肥，春花生一般每 667 m^2 可施高温腐熟的优质农家肥 2 000~4 000 kg 或优质商品有机肥 80~100 kg，氮（N）10~12 kg、磷（P$_2$O$_5$）6~8 kg、钾（K$_2$O）10~12 kg、钙（CaO）10~12 kg。适当施用硼、钼、锌等微量元素肥料。夏直播花生注重前茬增肥，小麦播种前结合耕地重施前茬肥，每 667 m^2 施优质腐熟农家肥 3 500~4 500 kg。播种前每 667 m^2 施用优质商品有机肥 80~100 kg，氮（N）10~12 kg、磷（P$_2$O$_5$）6~8 kg、钾（K$_2$O）10~12 kg、钙（CaO）10~12 kg。根据土壤养分丰歉情况，施用硼、锌等微肥，每 667 m^2 施用硼肥 0.5~1.0 kg，锌肥 0.5~1.0 kg。酸性较强的地块，每 667 m^2 施 30~50 kg 石灰或 20~30 kg 石灰氮。

花生进入结荚期后，如出现脱肥情况，可叶面喷施 1% 的尿素和 2%~3% 的过磷酸钙澄清液，或 0.1%~0.2% 磷酸二氢钾水溶液

$2\sim3$ 次（间隔 $7\sim10$ d），每次喷洒 $50\sim75$ kg/667 m²，也可选用其他符合绿色生产要求的叶面肥。

五、田间管理

（一）排灌

农田灌溉水质应符合国家农田灌溉水质标准的要求。足墒播种的花生，苗期一般不需浇水也能正常生长。

开花下针期及结荚期对水分敏感，应及时旱浇涝排。当花生叶片发生萎蔫并且到傍晚时仍不能恢复，则需及时浇水，灌溉以沟灌、喷灌、滴灌形式最好，尽量避免大水漫灌，并避开中午阳光强照时的高温时间。7~8 月，常常降雨集中，雨后及时清理沟畦，排除田间积水，避免造成花生涝灾渍害。

（二）病虫草鼠害防治

1. 防治原则

花生有害生物防治应以防为主、以治为辅，防治兼顾，协调运用。合理的采用农业、生物防治，辅以化学防治。

2. 常见病虫草鼠害

花生主要病害：叶斑病和网斑病、根腐病和茎腐病等。主要虫害：蛴螬、蚜虫、地老虎等。主要草害：马齿苋、马唐、莎草、牛筋草、狗尾草、田旋花、龙葵等。

3. 防治措施

（1）农业防治

选用抗病品种，在花生生产中针对当地病虫害发病规律、主要病害的类型，宜用适合当地栽培的、具有较强综合抗性的花生品种。

轮作换茬，花生宜与玉米、小麦等禾本科作物进行轮作，轮作年限一般为 $2\sim4$ 年。

适度深耕、起垄种植。深耕可破坏病菌、草籽、地下害虫的生存环境，一般要求深耕 $30\sim35$ cm。起垄种植易于旱浇涝排，便于田间管理，增加群体通风透光性，以减少病害的发生。

清洁田园，生长后期加强病害防治，直接减少病虫基数，并在花生收获后，彻底清除田间残株、败叶，对易感根系病害的还要清除残根。

调整播期，根据当地病虫草害发生规律，在保证生育期的前提下，合理调整播期，避开高温、高湿季节，有效地减少病虫草害发生。

（2）生物防治

①微生物防治。应用以菌治虫、以菌治菌等生物防治关键措施，加大赤眼蜂、捕食螨、绿僵菌、白僵菌、木霉菌、微孢子虫、苏云金杆菌（Bt）、蜡质芽孢杆菌、枯草芽孢杆菌、核型多角体病毒（NPV）产品和技术的示范推广力度，积极开发植物源农药、农用抗生素、植物诱抗剂等生物生化制剂应用技术。

使用方法：花生播种时期，每 667 m² 用 150 亿个/g 绿僵菌或白僵菌可湿性粉剂 250~300 g 与 30 kg 细土混拌成菌土撒施。花生生长期，白僵菌和苏云金杆菌混合兑水灌根，可有效防治蛴螬、蚜虫、飞虱以及多种鳞翅目害虫。

注意事项：避免与杀菌剂混用。避开高温、强光等不利条件。养蚕区不宜使用。杀虫速度缓慢，害虫取食 4~6 d 死亡。

②保护利用天敌昆虫。应用以虫治虫、以螨治螨等自然控制措施，田间释放七星瓢虫、捕食螨、蜂类等害虫天敌，有效控制蚜虫、蓟马等害虫虫口数量。

注意事项：合理使用农药以及农药使用间隔次数，最大限度保护和利用天敌。

（3）物理防治。物理防治主要包括色诱、性诱、食诱、杀虫灯诱捕，无色地膜、有色膜、防虫网驱避、阻隔，糖醋液、杨树枝、蓖麻等诱杀害虫。发生鼠害的地块用捕鼠夹、笼压板等捕杀。同时，注意铲除杂草、拔出病株和摘除受害荚果等。

①色板诱杀（色诱）。根据害虫的生活习性及害虫种类不同，

选用高科技材料合成的粘虫胶及色谱一体制成的绿色植保产品，每 667 m² 挂 15~20 块，用于防治多种重要的害虫，减少施用农药次数，有效降低农药残留量。花生田中，选择黄色板、蓝色板、绿色板等不同颜色，可有效防治蚜虫、蓟马、绿叶蝉等害虫。

②杀虫灯诱杀（光诱）。太阳能杀虫灯是一种新式植保防治工具，利用害虫较强的趋光、趋波、趋色的特性，将光的波长、波段、波的频率设定在特定范围内，近距离用光、远距离用波，引诱成虫扑灯，灯外配以频振式高压电网触杀，使害虫落入灯下的接虫袋内，达到杀灭害虫的目的。在花生田每 6 667 m² 安装 1 台，对金龟子、绿叶蝉、鳞翅目夜蛾类害虫有明显防治效果，年用药次数可减少 2~3 次。

③食诱剂诱杀。采用食诱剂+昆虫病原微生物防控花生鳞翅目害虫，效果较好。药剂可用奥朗特 + 棉核·苏云菌（棉铃虫核型多角体病毒 1×10⁷PIB/ml+苏云金杆菌 2 000 IU/μL）悬浮剂，防控效果一般能达到 91.0%~95.3%。

剂量：食诱剂 100 g/667 m²，棉核·苏云菌 150 ml/667 m²。

方法：采用人工茎叶滴洒方法，将食诱剂沿花生垄方向洒一条带，条带之间间隔 20 m；棉核·苏云菌采用低空智能植保无人机叶面喷施，药液量 0.8L/667 m²。

时间：田间监测到鳞翅目成虫时施用食诱剂，间隔 5~7 d 滴洒 1 次，每一高峰期连续滴洒 2 次。当棉铃虫等鳞翅目幼虫达到防治指标时（棉铃虫为 5~7 头/100 株）喷施棉核·苏云菌进行防治，间隔 10 d 防治 1 次，连续防治 3 次。

注意事项：棉核·苏云菌避免 40 ℃以上高温储存；不可与呈碱性的农药等物质混合使用；强紫外线下不可施用，应在上午 10 时以前和下午 4 时以后喷施。

④性诱剂诱杀。暗黑赛金龟性诱剂诱杀。方法：每 60 m 设置 1 个诱捕器，诱捕器悬挂高度为 1.8~2.0 m，采用花生田间外疏内密形状排列诱芯每月更换 1 次，及时清理。

棉铃虫、甜菜夜蛾性等夜蛾类性诱剂诱杀。方法：每 667 m² 放置 10 个诱捕器，间隔距离 30 m，采用棋盘式悬挂，诱捕器底部高出花生 0.5 m，诱芯每月更换 1 次，及时清理。

（4）化学防治。严格按照农药安全使用间隔用药，常见花生病虫草鼠害化学防治方法见本节末附录 A。

（三）合理化控

高肥水田块或有旺长趋势的田块，当株高达到 35 cm 时，用烯效唑等生长调节剂进行叶面喷施 1~2 次，间隔 7~10 d，最终植株高度控制在 45~50 cm。具体用量见本节末附录 A。

六、采收

花生成熟（植株中、下部叶片脱落，上部 1/3 叶片变黄，荚果饱果率超过 80%）时或昼夜平均温度低于 15 ℃时，应及时收获。可采用联合收获方式收获，一次性完成花生挖掘、摘果、果秧膜分离；也可采用分段收获方式，先选用花生挖掘机进行花生挖掘，条铺晾晒 3~5 d，再经收集后机械摘果。

七、包装、运输及储藏

花生收获摘果后，应及时晾晒或机器烘干，当花生荚果水分降至 10% 以下时，入库贮藏。

储藏环境应有良好的通风环境，温度不超过 20 ℃，相对湿度不得超过 75%，储藏地点做好防虫防鼠，每隔 3 个月或半年翻晒一次，保持干燥。室内储藏如发现种子堆内水分、温度超过界限，应在晴天及时开窗通风，必要时倒仓晾晒。

八、生产废弃物处理

生产过程中，农药、化肥投入品等包装袋、地膜应分类收集，进行无害化处理或回收循环利用。未进行地膜覆盖栽培的花生秧可以作为养殖业饲草；采用地膜覆盖栽培的花生，可在秧膜一起离田后，再揉丝去膜，加工成饲料或在清除大块地膜后可进行秸秆粉碎还田。

附录 A
（规范性附录）

花生绿色生产病虫草害防治推荐农药使用方案

防治对象	防治时期	农药名称	使用剂量	施药方法	安全间隔期天数/d
叶斑病和网斑病	发病率达到5%~7%	80%代森锰锌可湿性粉剂	60~75 g/667 m²	喷雾	17
倒秧病		40%多菌灵悬浮剂	125~150 ml/667 m²	喷雾	20
根腐病	播种前	350 g/L精甲霜灵种子处理微囊悬浮剂	40~80 ml/100 kg 种子	拌种	
	发病初期	40%多菌灵胶悬剂兑水	125~150 ml/667 m²	根部喷淋	20
蛴螬	6月下旬至7月中下旬	3%辛硫磷颗粒剂	4 000~8 000 g/667 m²	撒施	28
		150亿个孢子/g球孢白僵菌可湿性粉剂	250~300 g/667 m²	拌毒土撒施	
地老虎	幼苗期	5%辛硫磷颗粒剂	4 200~4 800 g/667 m²	撒施	
蚜虫	播种前	10%吡虫啉可湿性粉剂	1 400~2 600 g/100 kg 种子	拌种	
		30%噻虫嗪微乳剂	200~400 ml/100 kg 种子	种子包衣	
草害	芽前杂草	24%乙氧氟草醚	40~60 g/667 m²	喷施	—
		33%二甲戊灵	150~200 ml/667 m²	播后苗前土壤喷雾	—
	苗后除草	150 g/L精吡氟禾草灵乳油	50~67 ml/667 m²	喷施	—
		5%精喹禾灵乳油	60~80 ml/667 m²		
		480 g/L灭草松水剂	150~200 ml/667 m²		
旺长田块	株高达到35 cm	5%烯效唑可湿性粉剂	400~800 倍液	喷施	

注：农药使用以最新版本 NY/T 393—2020 标准的规定为准。

第五节　花生玉米间作栽培技术

间作是在同一地块上，同时或间隔不长时间，按一定的行比种植一种作物和其他作物，以充分利用地力、光能和立体空间，获得多种产品或增加单位面积总产量和收益的种植方法。豆科作物间作栽培技术模式的主要优势在于作物对养分、水分和光的利用和促进上。作物间相互作用通常在地上部和地下部同时进行，地上部主要表现在 2 种作物对光和热的竞争和互补上，而地下部的种间竞争和促进作用是作物间作取得生产优势的关键。花生与玉米间作，对其产量影响主要存在补偿效应，就是花生在间作条件下的产量低于其单作产量，而玉米在间作系统中的产量高于在单作条件下的产量。

山东省农业科学院花生栽培创新团队通过多年连续攻关，已经探索出了适于机械化条件下的"玉米花生间作技术"，在品种筛选、种植模式、农机配套、肥药管理等研究方面基本成熟，具备了大面积推广应用的技术条件。该技术在山东德州临邑、菏泽曹县、聊城高唐、临沂莒南、青岛平度等不同生态区开展了规模化试验示范，在广西、湖南、四川、河南、河北、吉林等多地多点进行了试验示范。多年多点生产试验示范表明，该技术较纯作玉米具有良好的经济生态效益，土地利用率平均提高 10% 以上，周年经济效益增加 500~700 元/667 m²，该技术受到了种粮大户、专业合作社、家庭农场等新型农业经营主体的青睐。

一、花生玉米间作技术研究背景

目前，我国粮食自给率已下降至 88% 左右，食用油脂自给率不足 32%，保障粮食安全和油脂安全的紧迫性日趋严峻。粮食作物和油料作物同步发展面临着"争地"矛盾，在国家倡导粮食安全和发展油料作物应该坚持"不与人争粮，不与粮争地"的情况下，如何解决粮油争地矛盾，增加油料自给、保障粮食和油脂安全成为亟待解决的问题。因此，如何创新我国粮油等作物种植制度和绿色高效生产技术，遏制土壤的退化，改善我国粮田的生态环境和生产能力，是我国农业健康发展面临的现实问题。

间作、轮作复种是中国传统农业的精髓，在传统农业和现代农业中都做出了巨大贡献。合理的间作、轮作模式不仅能高效利用光、热、肥、水等自然资源，也是增加农田生物多样性的有效措施之一。以"稳粮增油"为目标的粮油周年复种模式兼顾小麦、玉米、花生等重要粮食作物和油料作物，在保证小麦、玉米稳产高产的同时，可增收花生，是缓解粮油争地矛盾、实现种地养地结合和粮油均衡增产的有效途径。

二、花生间作发展历程

20世纪50~60年代，我国花生几乎全部为单作，间作、套种面积极少。自60年代末，由于受到重视粮食，而轻视油料作物的影响，我国主要花生产区出现了在花生田里盲目间作粮食作物的现象，提出了"无地不间作，消灭单干田"的口号。花生间作玉米等高秆作物的间作方式处处可见，花生所占比例有大有小，条田搞"金镶边"，即土地周围种2行玉米，田内种花生。成片地则按花生和玉米的行比按"2∶2""4∶2""6∶2""8∶2"等间作，结果出现了以粮挤油，花生产量大幅度降低的严重局面。党的十一届三中全会后，随着花生栽培技术的创新和发展提高，花生与其他作物及果林等的间作，也由盲目间作向科学合理的方向发展，出现了花生与油、菜，花生与果林，花生与甘薯等有利于产量和效益均提高的间作模式。

近年来，针对粮食安全和油脂安全，国家对农业结构进行了全面的、科学的宏观调控。首先，高度重视农业、粮食生产、粮经饲的结构调整。《国务院办公厅关于加快转变农业发展方式的意见》（国办发〔2015〕59号文）：支持因地制宜开展生态型复合种植，重点在东北地区推广玉米‖大豆（花生）轮作，在黄淮海地区推广玉米‖花生（大豆）间作套作，科学合理利用耕地资源，促进种地养地结合。

三、花生玉米间作技术模式

花生间作玉米基本分为以花生为主和以玉米为主两种类型。平原沙壤土，则多以玉米为主间作花生，间作方式一般为2~4行玉米间作2~4行花生，种植玉米株数接近单作玉米，间作花生30 000~60 000穴/hm²。多年的生产实践和试验结果表明，在以粮为主的产区，中上等肥力沙壤土，应以玉米为主间作花生，采用2∶2的方式，玉米产量较纯作减产18.6%，玉米、花生总产较纯作玉米增产5.08%，多收1 221.0 kg/hm²花生，仅减产959.25 kg/hm²玉米，总产值较纯作玉米高。

辽宁当前主要的花生‖玉米间作种植模式有：10∶10、8∶16、2∶10模式。2∶10模式中单株玉米增加幅度较小，但因密度增加，群体干物质产量最高，8∶16模式最低。随着玉米植株的逐渐长高，花生所受遮阴影响越来越大，截获的光照减少，光合速率降低，干物质积累减少，延长了花生营养生长的时间，限制了营养器官中积累的光合产物向生殖器官的输出转化，最终减产。10∶10处理的土壤风蚀量减少幅度最大，而且距离留有根茬的玉米带越远，土壤粗化程度越大。玉米幅带对花生幅带形成保护增加了花生幅带的地表空气动力学粗糙度，降低了近地表风速和土壤水分蒸发速度，减少了土壤风蚀程度。玉米‖花生间作经济效益较单作花生有所降低，但从生态角度来说，间作降低了土壤风蚀程度，减缓了花生连作障碍带来的危害，更加利于农业可持续发展。玉米花生间作行比为2∶10时作物获得的经济效益最大；而玉米花生间作行比为10∶10或8∶16对于减轻土壤风蚀程度效应更为明显。

山东玉米‖花生带状复合种植主要有5种种植模式，即行比分别为2∶2、2∶4、3∶4、3∶6、6∶8、8∶8（图2-3、图2-4）。间作玉米净面积上产量随净面积上的穗数的增加而显著增加，穗粒数和百粒重则呈下降趋势；各间作模式土地当量比均大于 1，表现出明显的产量优势；玉米 ‖ 花生 3∶4 模式系统产量最高，2013年、2014 年分别达到 8 367.0 kg/hm²、10 432.5 kg/hm²，均高于同年玉米单作和其他间作模式系统产量，获得了最大土地当量比和系统产量，土地利用效率提高 15%、21%，是一种较为理想的稳粮增油的种植方式。

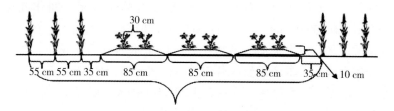

图 2-3　玉米花生 3∶6 植模式

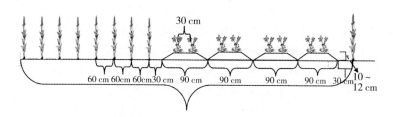

图 2-4　玉米花生 8∶8 植模式

四、花生玉米间作种植模式社会生态经济效益

花生 ‖ 玉米宽幅间作种植模式大幅提高粮油综合生产能力，能有效缓解"粮油争地、人畜争粮"矛盾，增加农民收入、促进了农民对农业生产的积极性，是一条具有中国特色的油料油脂供给发展道路。不仅提高单位面积复合生产力，也具有高产高效、资源利用效率高、共生固氮、改善花生铁营养、优化土壤环境等优点。此外，玉米 ‖ 花生宽幅间作中作物间的互补关系，有利于减少玉米花

生病虫害，且化肥、农药投入减少10%以上，极大减轻了农田生态环境压力。该技术模式采用全程机械化生产，玉米为紧凑型、高产、耐密植品种，花生为高产、耐阴、中熟品种，玉米‖花生宽幅间作可明显提高土地利用率10%以上。

五、花生玉米间作技术要点

（一）选择适宜模式

黄淮夏播区宜选择玉米与花生行比为3∶4模式（图2-5），花生一垄双行；东北区宜选择大宽幅模式，如8∶8、16∶8等模式。玉米小行距55 cm，株距12~14 cm；花生垄距85 cm，一垄2行，穴距10~11 cm。

图2-5　玉米花生3∶4种植模式

（二）选择品种，整地与施肥要点

玉米选用紧凑或半紧凑型的耐密、抗逆高产良种（玉米品种：登海605、鲁单818、郑单958等）；花生选用耐阴、耐密、抗倒高产良种（花育25号、花育31号、花育36号、潍花8号、潍花16号等）。对于小麦茬口，秸秆完全粉碎后，旋耕、整地，保证旋耕质量。基施复合肥50 kg/667 m²，玉米大喇叭口期追施30 kg/667 m²尿素。

（三）适期抢墒播种保出苗

东北区宜在5月中上旬播种。黄淮海地区夏播时间应在6月

15 日前。选择相应的播种机，实行玉米带和花生带分机播种。

（四）控杂草、防病虫、控徒长

苗前封闭除草剂为96%精异丙甲草胺（金都尔）或33%二甲戊灵乳油（施田补）。苗后，玉米用4%烟嘧磺隆（玉农乐），花生用5%精喹禾灵等进行除草。采用分带隔离喷施除草技术与机械。玉米、花生病虫害按常规技术防治。间作模式下花生必须进行化控。最佳时期在大量果针入土期，这时先入土的荚果有小拇指头肚那么粗，第二批果针头部似鸡嘴状。花生植株的水肥充足，长势较旺，株高为30~35 cm时，首次化控。在田间开始封垄时，根据生长和气候情况，株高为40~45 cm时，第二次化控。常用的化控药剂：多效唑、烯效唑等。

（五）收获

根据实际情况选择机械收获或人工收获。

第三章 花生品种选择

第一节 花生品种登记

根据《中华人民共和国种子法》第二十二条规定，国家对部分非主要农作物实行品种登记制度，列入非主要农作物登记目录的品种在推广前应当登记。申请者申请品种登记应当向省、自治区、直辖市人民政府农业主管部门提交申请文件和种子样品，并对其真实性负责，保证可追溯，接受监督检查。申请文件包括品种的种类、名称、来源、特性、育种过程，以及特异性、一致性、稳定性测试报告等。下面以山东省为例进行说明。

《非主要农作物品种登记办法》

第一章 总则

第一条 为了规范非主要农作物品种管理，科学、公正、及时地登记非主要农作物品种，根据《中华人民共和国种子法》（以下简称《种子法》），制定本办法。

第二条 在中华人民共和国境内的非主要农作物品种登记，适用本办法。

法律、行政法规和农业部规章对非主要农作物品种管理另有规定的，依照其规定。

第三条 本办法所称非主要农作物，是指稻、小麦、玉米、棉花、大豆五种主要农作物以外的其他农作物。

第四条 列入非主要农作物登记目录的品种，在推广前应当登记。

应当登记的农作物品种未经登记的，不得发布广告、推广，不得以登记品种的名义销售。

第五条 农业部主管全国非主要农作物品种登记工作，制定、调整非主要农作物登记目录和品种登记指南，建立全国非主要农作物品种登记信息平台（以下简称品种登记平台），具体工作由全国农业技术推广服务中心承担。

第六条 省级人民政府农业主管部门负责品种登记的具体实施和监督管理，受理品种登记申请，对申请者提交的申请文件进行书面审查。

省级以上人民政府农业主管部门应当采取有效措施，加强对已登记品种的监督检查，履行好对申请者和品种测试、试验机构的监管责任，保证消费安全和用种安全。

第七条 申请者申请品种登记，应当对申请文件和种子样品的合法性、真实性负责，保证可追溯，接受监督检查。给种子使用者和其他种子生产经营者造成损失的，依法承担赔偿责任。

第二章 申请、受理与审查

第八条 品种登记申请实行属地管理。一个品种只需要在一个省份申请登记。

第九条 两个以上申请者分别就同一个品种申请品种登记的，优先受理最先提出的申请；同时申请的，优先受理该品种育种者的申请。

第十条 申请者应当在品种登记平台上实名注册，可以通过品种登记平台提出登记申请，也可以向住所地的省级人民政府农业主管部门提出书面登记申请。

第十一条　在中国境内没有经常居所或者营业场所的境外机构、个人在境内申请品种登记的，应当委托具有法人资格的境内种子企业代理。

第十二条　申请登记的品种应当具备下列条件：

（一）人工选育或发现并经过改良；

（二）具备特异性、一致性、稳定性；

（三）具有符合《农业植物品种命名规定》的品种名称。

申请登记具有植物新品种权的品种，还应当经过品种权人的书面同意。

第十三条　对新培育的品种，申请者应当按照品种登记指南的要求提交以下材料：

（一）申请表；

（二）品种特性、育种过程等的说明材料；

（三）特异性、一致性、稳定性测试报告；

（四）种子、植株及果实等实物彩色照片；

（五）品种权人的书面同意材料；

（六）品种和申请材料合法性、真实性承诺书。

第十四条　本办法实施前已审定或者已销售种植的品种，申请者可以按照品种登记指南的要求，提交申请表、品种生产销售应用情况或者品种特异性、一致性、稳定性说明材料，申请品种登记。

第十五条　省级人民政府农业主管部门对申请者提交的材料，应当根据下列情况分别作出处理：

（一）申请品种不需要品种登记的，即时告知申请者不予受理；

（二）申请材料存在错误的，允许申请者当场更正；

（三）申请材料不齐全或者不符合法定形式的，应当当场或者在五个工作日内一次告知申请者需要补正的全部内容，逾期不告知的，自收到申请材料之日起即为受理；

（四）申请材料齐全、符合法定形式，或者申请者按照要求提交全部补正材料的，予以受理。

第十六条　省级人民政府农业主管部门自受理品种登记申请之日起二十个工作日内，对申请者提交的申请材料进行书面审查，符合要求的，将审查意见报农业部，并通知申请者提交种子样品。经审查不符合要求的，书面通知申请者并说明理由。

申请者应当在接到通知后按照品种登记指南要求提交种子样品；未按要求提供的，视为撤回申请。

第十七条　省级人民政府农业主管部门在二十个工作日内不能作出审查决定的，经本部门负责人批准，可以延长十个工作日，并将延长期限理由告知申请者。

第三章　登记与公告

第十八条　农业部自收到省级人民政府农业主管部门的审查意见之日起二十个工作日内进行复核。对符合规定并按规定提交种子样品的，予以登记，颁发登记证书；不予登记的，书面通知申请者并说明理由。

第十九条　登记证书内容包括：登记编号、作物种类、品种名称、申请者、育种者、品种来源、适宜种植区域及季节等。

第二十条　农业部将品种登记信息进行公告，公告内容包括：登记编号、作物种类、品种名称、申请者、育种者、品种来源、特征特性、品质、抗性、产量、栽培技术要点、适宜种植区域及季节等。

登记编号格式为：GPD +作物种类+（年号）＋2位数字的省份代号+ 4位数字顺序号。

第二十一条　登记证书载明的品种名称为该品种的通用名称，禁止在生产、销售、推广过程中擅自更改。

第二十二条　已登记品种，申请者要求变更登记内容的，应当向原受理的省级人民政府农业主管部门提出变更申请，并提交相关证明材料。

原受理的省级人民政府农业主管部门对申请者提交的材料进行书面审查，符合要求的，报农业部予以变更并公告，不再提交种子样品。

第四章　监督管理

第二十三条　农业部推进品种登记平台建设，逐步实行网上办理登记申请与受理，在统一的政府信息发布平台上发布品种登记、变更、撤销、监督管理等信息。

第二十四条　农业部对省级人民政府农业主管部门开展品种登记工作情况进行监督检查，及时纠正违法行为，责令限期改正，对有关责任人员依法给予处分。

第二十五条　省级人民政府农业主管部门发现已登记品种存在申请文件、种子样品不实，或者已登记品种出现不可克服的严重缺陷等情形的，应当向农业部提出撤销该品种登记的意见。

农业部撤销品种登记的，应当公告，停止推广；对于登记品种申请文件、种子样品不实的，按照规定将申请者的违法信息记入社会诚信档案，向社会公布。

第二十六条　申请者在申请品种登记过程中有欺骗、贿赂等不正当行为的，三年内不受理其申请。

第二十七条　品种测试、试验机构伪造测试、试验数据或者出具虚假证明的，省级人民政府农业主管部门应当依照《种子法》第七十二条规定，责令改正，对单位处五万元以上十万元以下罚款，对直接负责的主管人员和其他直接责任人员处一万元以上五万元以下罚款；有违法所得的，并处没收违法所得；给种子使用者和其他种子生产经营者造成损失的，与种子生产经营者承担连带责任。情节严重的，依法取消品种测试、试验资格。

第二十八条　有下列行为之一的，由县级以上人民政府农业主管部门依照《种子法》第七十八条规定，责令停止违法行为，没收违法所得和种子，并处二万元以上二十万元以下罚款：

（一）对应当登记未经登记的农作物品种进行推广，或者以登记品种的名义进行销售的；

（二）对已撤销登记的农作物品种进行推广，或者以登记品种的名义进行销售的。

第二十九条　品种登记工作人员应当忠于职守，公正廉洁，对在登记过程中获知的申请者的商业秘密负有保密义务，不得擅自对外提供登记品种的种子样品或者谋取非法利益。不依法履行职责，弄虚作假、徇私舞弊的，依法给予处分；自处分决定作出之日起五年内不得从事品种登记工作。

第五章　附　则

第三十条　品种适应性、抗性鉴定以及特异性、一致性、稳定性测试，申请者可以自行开展，也可以委托其他机构开展。

第三十一条　本办法自 2017 年 5 月 1 日起施行。

《花生品种登记指南》

申请花生品种登记，申请者向省级农业主管部门提出品种登记申请，填写《非主要农作物品种登记申请表　花生》，提交相关申请文件；省级部门书面审查符合要求的，再通知申请者提交种子样品。

一、申请文件

（一）品种登记申请表

填写登记申请表（附录 A）的相关内容应当以品种选育情况说明、品种特性说明（包含品种适应性、品质分析、抗病性鉴定、转基因成分检测等结果），以及特异性、一致性、稳定性测试报告的结果为依据。

（二）品种选育情况说明

新选育的品种说明内容主要包括品种来源以及亲本血缘关系、选育方法、选育过程、特征特性描述，栽培技术要点等。单位选育的品种，选育单位在情况说明上盖章确认；个人选育的，选育人签字确认。

在生产上已大面积推广的地方品种或来源不明确的品种要标明，可不作品种选育说明。

（三）品种特性说明

1. 品种适应性。根据不少于 2 个生产周期（试验点数量与布局应当能够代表拟种植的适宜区域）的试验，如实描述以下内容：品种的形态特征、生物学特性、产量、品质、抗病性、抗逆性、适宜种植区域（县级以上行政区）及季节，品种主要优点、缺陷、风险及防范措施等注意事项。

2. 品质分析。根据品质分析的结果，如实描述以下内容：品种的蛋白质、含油量等。

3. 抗病性鉴定。对品种的青枯病、叶斑病、锈病，以及其他区域性重要病害的抗性进行鉴定，并如实填写鉴定结果。

青枯病抗性分 5 级：免疫、高抗、中抗、感病、高感。

叶斑病抗性分 5 级：免疫、高抗、中抗、感病、高感。

锈病抗性分 5 级：免疫、高抗、中抗、感病、高感。

4. 转基因成分检测。根据转基因成分检测结果，如实说明品种是否含有转基因成分。

（四）特异性、一致性、稳定性测试报告

依据《植物品种特异性、一致性和稳定性测试指南　花生》（NY/T 2237）进行测试，主要内容包括：

植株：生长习性、开花习性、小叶形状；荚果：缢缩程度、果嘴明显程度、表面质地，籽仁种皮内表面颜色，小叶形状，主茎花青甙显色，以及其他与特异性、一致性、稳定性相关的重要性状，形成测试报告。

品种标准图片：种子、果实以及成株植株等的实物彩色照片。

（五）DNA 检测

（三）、（四）中涉及的有关性状有明确关联基因的，可以直接提交 DNA 检测结果。

（六）试验组织方式

（三）、（四）、（五）中涉及的相关试验，具备试验、鉴定、测试和检测条件与能力的单位（或个人）可自行组织进行，不具备条件和能力的可委托具备相应条件和能力的单位组织进行。报告由试验技术负责人签字确认，由出具报告的单位加盖公章。

（七）已授权品种的品种权人书面同意材料

二、种子样品提交

书面审查符合要求的，申请者接到通知后应及时提交种子样品。对申请品种权且已受理的品种，不再提交种子样品。

（一）包装要求

种子样品使用有足够强度的纸袋包装，并用尼龙网袋套装；包装袋上标注作物种类、品种名称、申请者等信息。

（二）数量要求

每品种种子样品 1 000 个荚果。

（三）质量与真实性要求

送交的种子样品，必须是遗传性状稳定、与登记品种性状完全一致、未经过药物或包衣处理、无检疫性有害生物、质量符合国家种用标准的新收获种子。申请者必须对其提供种子样品的真实性负责，一旦查实提交不真实种子样品的，须承担因提供虚假样品所产生的一切法律责任。

在提交种子样品时，必须附有申请者签字盖章的种子样品品种真实性承诺书（附录 B），以及种子样品清单（附录 C）。

（四）提交地点

种子样品提交到中国农业科学院作物科学研究所国家种质库（邮编：100081，地址：北京市海淀区学院南路 80 号，电话 010-62186691，邮箱：zkszzk@caas.cn）。

国家种质库收到种子样品后应当在 20 个工作日内为申请者提供回执。

附录 A

非主要农作物品种登记申请表　花生

品种名称：＿＿＿＿＿＿＿＿＿品种来源：＿＿＿＿＿＿＿＿＿＿＿

申请者：＿＿＿＿＿＿＿＿＿＿＿＿＿＿＿＿＿＿＿＿＿＿＿＿＿

邮政编码：＿＿＿＿＿＿＿＿地　　址：＿＿＿＿＿＿＿＿＿＿＿

联系人：＿＿＿＿＿＿＿＿＿手机号码：＿＿＿＿＿＿＿＿＿＿＿

固定电话：＿＿＿＿＿＿＿＿传真号码：＿＿＿＿＿＿＿＿＿＿＿

电子邮箱：＿＿＿＿＿＿＿＿＿＿＿＿＿＿＿＿＿＿＿＿＿＿＿＿

育种者：＿＿＿＿＿＿＿＿＿＿＿＿＿＿＿＿＿＿＿＿＿＿＿＿＿

邮政编码：＿＿＿＿＿＿＿＿地　　址：＿＿＿＿＿＿＿＿＿＿＿

联系人：＿＿＿＿＿＿＿＿＿手机号码：＿＿＿＿＿＿＿＿＿＿＿

固定电话：＿＿＿＿＿＿＿＿传真号码：＿＿＿＿＿＿＿＿＿＿＿

电子邮箱：＿＿＿＿＿＿＿＿＿＿＿＿＿＿＿＿＿＿＿＿＿＿＿＿

申请日期：＿＿＿＿＿＿＿＿＿＿＿＿＿＿＿＿＿＿＿＿＿＿＿＿

备注＿＿＿＿＿＿＿＿＿＿＿＿＿＿＿＿＿＿＿＿＿＿＿＿＿＿＿

注："品种来源"一栏填写品种亲本（或组合），在生产上已大面积推广的地方品种或来源不明确的品种要标明。

农业部种子管理局　制

选育方式：□自主选育/□合作选育/□境外引进/□其他

一、育种过程（包括亲本名称、选育方法、选育过程等）

二、品种特性

1. 类型	□普通型　□龙生型　□珍珠豆型　□多粒型　□兰娜型　□中间型
2. 用途	□食用　□鲜食　□油用　□油食兼用　□饲用/牧草　□景观（地被）□其他_____

3. 产量（kg/667 m²）　□荚果

第1生长周期		比对照±%		对照名称		对照产量	
第2生长周期		比对照±%		对照名称		对照产量	

3. 产量（kg/667 m²）　□籽仁

第1生长周期		比对照±%		对照名称		对照产量	
第2生长周期		比对照±%		对照名称		对照产量	

4. 品质

籽仁含油量（%）		籽仁蛋白质（%）		籽仁油酸含量（%）	
籽仁亚油酸（%）		茎蔓粗蛋白（%）（饲用）		其他	

5. 抗性

青枯病		叶斑病	
锈病		其他	

6. 转基因成分	□不含有　　□含有

三、适宜种植区域及季节

四、特异性、一致性和稳定性主要测试性状

植株：开花习性		植株：小叶形状		植株：生长习性	
荚果：缢缩程度		荚果：果嘴明显程度		荚果：表面质地	
籽仁：种皮颜色		仅适用于单色种皮品种			

（续表）

籽仁：种皮内表面颜色		其他性状	

五、栽培技术要点：

六、注意事项（包括品种主要优点、缺陷、风险及防范措施等）：

七、申请者意见：

（签字）

年　　月　　日

八、育种者意见：

（签字）

年　　月　　日

九、真实性承诺：

　　__（品种名称）__ 为 __（选育单位或者个人）__ 选育的 __（作物名称）__ 品种，该品种不含有转基因成分。本单位（本人）知悉该品种登记申请材料内容，并保证填报的登记申请材料真实、准确，并承担由此产生的全部法律责任。

申请者（公章）：

年　　月　　日

注：

1. 多项选择的，在相应□内划√。

2. 申请者、育种者为两家及以上的，需同时盖章。

3. 育种者不明的，可不填写育种意见。

4. 申请表统一用 A4 纸打印。

附录 B
花生种子样品清单

序号	作物种类	品种名称	父本名称	母本名称	产地	生产年份	申请者	育种者	座机	手机	邮箱

本单位（本人）确认并保证上述提交样品的真实性和样品信息的准确性，并承担由此产生的全部法律责任。

申请者（公章）
年　　月　日

第二节　适宜黄淮海区域种植的新审定（登记）品种

自 2017 年国家非主要农作物品种登记办法出台以后，国内共有 67 个科研院所、高校、企业及合作社等机构参与花生品种的选育工作，以下对适宜黄淮海区域种植的新审定（登记）的部分花生育成品种分别进行叙述。

1. 登记编号：GPD 花生（2019）370023

品种名称：临花 16 号

申 请 者：临沂市农业科学院

育 种 者：孙伟　吕敬军　赵孝东　王斌　方瑞元

品种来源：甜花生辐射选育

特征特性：普通型。食用、鲜食。春播全生育期 125 d 左右，

夏播全生育期 115 d 左右。植株直立、疏枝，连续开花。主茎高
53.86 cm，侧枝长 56.54 cm，总分枝数 9 个，有效分枝数 7 个，荚
果普通型，缢缩浅，果嘴不明显，网纹较浅，种皮深红色，内种皮
黄色。百果重 215.3 g，百仁重 73.82 g，出米率 72.44%。籽仁含
油量 42.78%，蛋白质含量 27.54%，油酸含量 38.1%，籽仁亚油
酸含量 39.3%，茎蔓粗蛋白含量 10.1%，蔗糖含量 5.38%。高抗
青枯病，中抗叶斑病，抗锈病，抗旱性强。荚果第 1 生长周期
350 kg/667 m²，比对照山花 9 号增产 8.6%；第 2 生长周期
331.1 kg/667 m²，比对照山花 9 号增产 9.8%。籽仁第 1 生长周期
257.7 kg/667 m²，比对照山花 9 号增产 13.2%；第 2 生长周期
235.9 kg/667 m²，比对照山花 9 号增产 7.7%。

栽培技术要点：适于中等以上肥力的沙壤土种植，要求坚持轮
作倒茬。精细整地、科学施肥。基肥：每 667 m² 施优质农家肥
2 000~2 500 kg；种肥：N、P、K 复合肥 15 kg 或不少于 15 kg 花
生专用肥，打好丰产的基础。适时播种、合理密植。春播播种前连
续 5 d 的 5~10 cm 地温稳定在 15 ℃ 为播种适期。春播高产栽培
0.8 万~1 万穴/667 m²，每穴 2 粒；夏播 0.9 万~1.1 万穴/667 m²，
每穴 2 粒。具体应据肥力高低而定，依据肥地宜稀、瘦地宜密的原
则。加强田间管理，注意病虫害防治。旱涝条件下注意抗旱排涝。
加强中后期田间管理，保叶防衰，促丰产丰收。当地上部茎叶变
黄、中下部叶片脱落、果壳硬化、网纹清晰、果壳内侧呈乳白色并
稍带黑色，即可收刨、晾晒，当荚果含水量在 10% 以下，方可
入库。

适宜种植区域及季节：适宜在山东花生生产区春播种植。

注意事项：为早熟鲜食花生。生育期较短注意适时收获，防治
地下害虫。

2. 登记编号：GPD 花生（2019）370024

作物种类：花生

品种名称：临花 17 号

申 请 者：临沂市农业科学院

育 种 者：孙伟　赵孝东　方瑞元　王斌　凌再平

品种来源：P07-3×冀花 9813

特征特性：普通型。油食兼用。春播全生育期 130 d 左右。植株直立、疏枝，连续开花。主茎高 46 cm，侧枝长 48 cm，总分枝数 9 个，有效分枝数 8 个，荚果普通型，缢缩程度浅，果嘴中等，网纹清晰，种皮粉红色，内种皮黄色。百果重 280 g，百仁重 122 g，出米率 70.2%。抗旱性强，抗涝性中等，抗倒伏能力强。籽仁含油量 51.01%，蛋白质含量 23.73%，油酸含量 44.25%，籽仁亚油酸含量 34.45%，茎蔓粗蛋白含量 9.1%，粗纤维 6.8%。高抗青枯病，中抗叶斑病，抗锈病。荚果第 1 生长周期 356.6 kg/667 m²，比对照山花 9 号增产 7.2%；第 2 生长周期 406.2 kg/667 m²，比对照山花 9 号增产 9.3%。籽仁第 1 生长周期 249.0 kg/667 m²，比对照山花 9 号增产 4.2%；第 2 生长周期 285.4 kg/667 m²，比对照山花 9 号增产 7.4%。

栽培技术要点：①种子处理：花生剥壳前进行晒种；晾晒后挑选无霉变而饱满的花生荚果，选择粒大饱满、无病斑、无破损的籽粒做种子；用杀菌剂、杀虫剂进行拌种。②地块选择：地块平整、肥力中上等的沙土或壤土。③播期：春播于 4 月中下旬至 5 月上旬连续 5 d 的 5~10 cm 地温稳定在 15 ℃播种。④播种密度：9 000~10 000 穴/667 m²，每穴 2 粒。⑤肥水管理：基肥以农家肥和氮磷钾复合肥为主，辅以微量元素肥料；干旱时及时浇水，开花后要保证水分充足供应，特别是浇好开花期、饱果成熟期 2 次关键水。⑥病虫害防治：花生生育期间，应注意网斑病、白绢病、茎腐病、青枯病等病害的发生，及时防治蚜虫、蛴螬等害虫危害。⑦及时控旺：高水肥地块，及时控制旺长。⑧适时收获：结合花生地上植株、地下荚果的成熟度及时收获。

适宜种植区域及季节：适宜在山东、河南花生产区春播种植。

注意事项：①花生生育期间，应及时防止网斑病、青枯病、蛴蛴等病虫害的发生。②春播种植应在连续 5 d 的 5~10 cm 地温稳定在 15 ℃以上时播种。③高水肥地块及时控制旺长。

3. 登记编号：GPD 花生（2019）370025

作物种类：花生

品种名称：临花 18 号

申 请 者：临沂市农业科学院

育 种 者：孙伟　赵孝东　王斌　方瑞元　凌再平

品种来源：P09-6×F18

特征特性：普通型。油食兼用。春播全生育期 132 d 左右。植株直立、疏枝，连续开花。主茎高 45 cm，侧枝长 47 cm，总分枝数 8 个，有效分枝数 7 个，荚果普通型，缢缩浅，果嘴不明显，网纹清晰，种皮粉红色，内种皮黄色。百果重 242 g，百仁重 126 g，出米率 70.7%。籽仁含油量 54.66%，蛋白质含量 21.3%，油酸含量 44.5%，籽仁亚油酸含量 32.45%，茎蔓粗蛋白含量 8.9%，粗纤维 5.0%。高抗青枯病，中抗叶斑病，抗锈病，抗旱性强，抗倒伏能力强。荚果第 1 生长周期 384.6 kg/667 m²，比对照山花 9 号增产 10.3%；第 2 生长周期 361.8 kg/667 m²，比对照山花 9 号增产 13.1%。籽仁第 1 生长周期 273.1 kg/667 m²，比对照山花 9 号增产 12.0%；第 2 生长周期 255.7 kg/667 m²，比对照山花 9 号增产 11.9%。

栽培技术要点：①种子处理：花生剥壳前进行晒种；晾晒后挑选无霉变而饱满的花生荚果，选择粒大饱满、无病斑、无破损的籽粒做种子；用杀菌剂、杀虫剂进行拌种。②地块选择：地块平整、肥力中上等的沙土或壤土。③播期：春播于 4 月中下旬至 5 月上旬连续 5 d 的 5~10 cm 地温稳定在 15 ℃播种。④播种密度：9 000~10 000穴/667 m²，每穴 2 粒。⑤肥水管理：基肥以农家肥和氮磷钾复合肥为主，辅以微量元素肥料；干旱时及时浇水，开花后要保证水分充足供应，特别是浇好开花期、饱果成熟期 2 次关键水。⑥病虫害防治：花生生育期间，应注意网斑病、白绢病、茎腐病、青枯病等病害的发生，及时防治蚜虫、蛴螬等害虫危害。⑦及时控旺：高水肥地块，及时控制旺长。⑧适时收获：结合花生地上植株、地下荚果的成熟度及时收获。

适宜种植区域及季节：适宜在山东花生产区春播种植。

注意事项：①花生生育期间，应及时防止网斑病、青枯病、蛴螬等病虫害的发生。②春播种植应在连续 5 d 的 5~10 cm 地温稳定在 15 ℃以上时播种。③高水肥地块及时控制旺长。

4. 登记编号：GPD 花生（2022）370067

品种名称：花育 655

申 请 者：山东省花生研究所

育 种 者：胡晓辉　陈静　苗华荣　张胜忠　崔风高　曲春娟　蒋振

品种来源：C2×06B16

特征特性：普通型，油食兼用型品种。生育期 123.40 d。株型直立，主茎高 41.90 cm，侧枝长 44.50 cm，总分枝 7 个，结果枝 6 个，单株饱果数 14 个；叶片颜色深，长椭圆形，叶片中；荚果普通型，果嘴明显程度弱，荚果表面质地中，缢缩程度弱；百果重 168.50 g，饱果率 74.00%；籽仁柱形，种皮浅红色，内种皮白色，百仁重 65.60 g，出仁率 67.20%，籽仁含油量 49.73%，蛋白质含量 25.10%，油酸含量 75.30%，籽仁亚油酸含量 2.24%。高感青枯病、叶斑病，感锈病，高抗褐斑病。荚果第 1 生长周期 295.35 kg/667 m^2，比对照锦花 15 增产 15.93%；第 2 生长周期 322.05 kg/667 m^2，比对照花育 20 号增产 12.90%。籽仁第 1 生长周期 198.40 kg/667 m^2，比对照锦花 15 增产 12.10%；第 2 生长周期 235.02 kg/667 m^2，比对照花育 20 号增产 12.14%。

栽培技术要点：①该品种适宜种植于沙质土壤或壤土，且要求排灌良好，涝洼易发生烂果问题。②春播密度 0.9 万~1.0 万穴/667 m^2，每穴 2 粒。③该品种为高油酸品种，建议在连续 5 d 的 5 cm 日均地温在 18 ℃以上种植，以免遭遇低温导致烂种。④适期收获。作为高油酸品种，从生产、加工各环节要确保品种纯度，防止混杂发生。

适宜种植区域及季节：适宜在山东、河北、河南、辽宁、吉林、江苏、安徽春播种植成在黄淮南部夏播。

注意事项：该品种耐低温特性差、耐涝性差，不适宜于涝洼地块。

5. **登记编号**：GPD 花生（2022）370069

品种名称：花育 9114

申　请　者：山东省花生研究所

育　种　者：迟晓元　许静　杨珍　王通　陈娜　潘丽娟　陈明娜　王冕　谢宏峰　禹山林

品种来源：PO4-6×豫花 9326

特征特性：普通型。油食兼用型品种。生育期 125 d。株型直立，主茎高 43.10 cm，侧枝长 48.50 cm，总分枝 8 个，结果枝 7 个，单株饱果数 17 个；叶片颜色深，长椭圆形，叶片中；荚果普通型，果嘴明显程度弱，荚果表面质地中，缢缩程度弱；百果重 251.40 g，饱果率 78.00%；籽仁柱形，种皮浅红色，内种皮深黄色，百仁重 99.30 g，出仁率 69.10%。籽仁含油量 51.10%，蛋白质含量 25.60%，油酸含量 44.10%，籽仁亚油酸含量 34.00%。高感叶斑病。荚果第 1 生长周期 392.30 kg/667 m²，比对照花育 33 号增产 10.20%；第 2 生长周期 344.40 kg/667 m²，比对照花育 33 号增产 11.50%。籽仁第 1 生长周期 271.10 kg/667 m²，比对照花育 33 号增产 9.80%；第 2 生长周期 240.40 kg/667 m²，比对照花育 33 号增产 11.50%。

栽培技术要点：①选择土层深厚、耕作层肥沃的沙壤土，地势平坦，排灌方便。②将全部有机肥、钾肥，以及 2/3 氮、磷化肥结合冬前或早春耕地施于耕作层内，剩余 1/3 氮、磷化肥在起垄时包施在垄内。③典型果剥壳后选皮色好、饱满的作种，做好发芽试验。④地膜覆盖种植方式，栽培的适宜密度为春播 1 万穴/667 m²

左右，每穴 2 粒种子。⑤春播 4 月中旬至 5 月上旬进行，播前 5 d 的 5 cm 日均地温≥15 ℃为播种适期，夏直播以当地常规品种播期进行。⑥及时开孔放苗，避免灼伤幼苗。⑦注意防治花生蚜虫、网斑病、叶斑病等病虫害。⑧成熟时及时收获。⑨收获后，保证在 5 d 内使荚果含水量降至 10% 以下，籽仁含水量降至 8% 以下。

适宜种植区域及季节：适宜在山东、河北、河南、山西、辽宁、北京、新疆春播种植。

注意事项：油亚比、粗蛋白含量略低。

6. 登记编号：GPD 花生（2022）370072

品种名称：花育 9125

申 请 者：山东省花生研究所

育 种 者：迟晓元　潘丽娟　王通　陈娜　陈明娜　李强　许静　杨珍　禹山林

品种来源：开农 17-6×冀花 9814

特征特性：普通型。油食兼用型品种。生育期 126 d。株型直立，主茎高 34.30 cm，侧枝长 40.60 cm，总分枝 9 个，结果枝 8 个，单株饱果数 27 个；叶片颜色中，长椭圆形，叶片中；荚果普通型，果嘴明显程度极弱，荚果表面质地中，缢缩程度弱；百果重 209.40 g，饱果率 75.00%；籽仁柱形，种皮浅红色，内种皮浅黄色，百仁重 77.60 g，出仁率 64.80%。籽仁含油量 50.20%，蛋白质含量 21.10%，油酸含量 75.10%，籽仁亚油酸含量 9.60%。感叶斑病，高感青枯病、锈病。荚果第 1 生长周期 332.40 kg/667 m²，比对照花育 33 号增产 10.80%；第 2 生长周期 304.80 kg/667 m²，比对照花育 33 号增产 6.50%；籽仁第 1 生长周期 223.60 kg/667 m²，比对照花育 33 号增产 5.80%；第 2 生长周期 197.50 kg/667 m²，比对照花育 33 号增产 1.90%。

栽培技术要点：①选择土层深厚、耕作层肥沃的沙壤土，地势平坦，排灌方便。②将全部有机肥、钾肥，以及 2/3 氮、磷化肥结合冬前或早春耕地施于耕作层内，剩余 1/3 氮、磷化肥在起垄时包施在垄内。③典型果剥壳后选皮色好、饱满的作种，做好发芽试验。④地膜覆盖种植方式，春播的适宜密度为 1 万穴/667 m² 左右，每穴 2 粒种子。⑤春播 4 月中旬至 5 月上旬进行，播前 5 d 的 5 cm 日均地温 ≥18 ℃ 为播种适期，夏直播以当地常规品种播期进行。⑥及时开孔放苗，避免灼伤幼苗。⑦注意防治花生蚜虫、网斑病、叶斑病等病虫害。⑧成熟时及时收获。⑨收获后，保证在 5 d 内使荚果含水量降至 10% 以下，籽仁含水量降至 8% 以下。

适宜种植区域及季节：适宜在山东、河北、河南、山西、辽宁、北京、新疆地区春播种植。

注意事项：易感青枯病、锈病。

7. 登记编号：GPD 花生（2022）370073

品种名称：花育 9124

申　请　者：山东省花生研究所

育　种　者：迟晓元　王通　陈明娜　许静　杨珍　潘丽娟　陈娜　殷冬梅　禹山林

品种来源：开农 17-6×河北高油

特征特性：普通型。油食兼用型品种。生育期 127 d。株型直立，主茎高 36.60 cm，侧枝长 43.60 cm，总分枝 9 个，结果枝 7 个，单株饱果数 26 个；叶片颜色中，长椭圆形，叶片中；荚果普通型，果嘴明显程度极弱，荚果表面质地中，缢缩程度弱；百果重 202.00 g，饱果率 75.00%；籽仁柱形，种皮浅红色，内种皮浅黄色，百仁重 75.10 g，出仁率 64.60%。籽仁含油量 56.20%，蛋白质含量 24.00%，油酸含量 82.00%，籽仁亚油酸含量 2.00%。高感青枯病，感叶斑病、锈病。荚果第 1 生长周期 351.00 kg/667 m²，比对照花育 33 号增产 17.00%；第 2 生长周期 308.60 kg/667 m²，比对照花育 33 号增产 7.90%。籽仁第 1 生长周期 233.80 kg/667 m²，比对照花育 33 号增产 10.70%；第 2 生长周期 199.20 kg/667 m²，比对照花育 33 号增产 2.70%。

栽培技术要点：①选择土层深厚、耕作层肥沃的沙壤土，地势平坦，排灌方便。②将全部有机肥、钾肥，以及 2/3 氮、磷化肥结合冬前或早春耕地施于耕作层内，剩余 1/3 氮、磷化肥在起垄时包施在垄内。③典型果剥壳后选皮色好、饱满的作种，做好发芽试验。④地膜覆盖种植方式，栽培的适宜密度为春播 1 万穴/667 m² 左右，每穴 2 粒种子。⑤春播 4 月中旬至 5 月上旬进行，播前 5 d 的 5 cm 日均地温≥18 ℃为播种适期，夏直播以当地常规品种播期进行。⑥及时开孔放苗，避免灼伤幼苗。⑦注意防治花生蚜虫、网斑病、叶斑病等病虫害。⑧成熟时及时收获。⑨收获后，保证在 5 d 内使荚果含水量降至 10%以下，籽仁含水量降至 8%以下。

适宜种植区域及季节：适宜在山东、河北、河南、山西、辽宁、北京、新疆地区春播种植。

注意事项：易感青枯病、锈病。

8. 登记编号：GPD 花生（2022）370133

品种名称：花育 668

申 请 者：山东省花生研究所、山东鲁花集团有限公司

育 种 者：王传堂　王秀贞　唐月异　吴琪　王志伟　王菲菲
杨伟强　胡东青　孙东伟　杜祖波　王强

品种来源：06-18B4×CTWE

特征特性：油食兼用类型品种。珍珠豆型。生育期 121 d。株型直立，主茎高 33.60 cm，侧枝长 35.70 cm，总分枝 10.0 个，结果枝 8.0 个，单株饱果数 32.0 个；叶片深绿，倒卵形，中等大小；荚果茧形，果嘴明显程度弱，荚果表面质地中，缢缩程度弱；百果重 170.00 g，饱果率 89.60%；籽仁柱形，种皮浅红色，内种皮浅黄色，百仁重 70.00 g，出仁率 74.70%。籽仁含油量 54.40%，蛋白质含量 24.10%，油酸含量 80.70%，亚油酸含量 4.03%。高感青枯病、叶斑病，感病锈病。荚果第 1 生长周期 348.5 kg/667 m²，比对照青花 6 号增产 9.05%：第 2 生长周期 352.5 kg/667 m²，比对照青花 6 号增产 10.02%。籽仁第 1 生长周期 259.6 kg/667 m²，比对照青花 6 号增产 14.53%；第 2 生长周期 263.8 kg/667 m²，比

对照青花 6 号增产 14.78%。

栽培技术要点：选择适于花生高产的沙质土壤或壤土，创造全土层深厚、结果层疏松的土壤条件。前作或冬耕时根据地力施足基肥。备种时根据品种特征作好果选、米选，选择健康、饱满的 1 级米作种。春播密度为 1.2 万穴/667 m²，每穴 2 粒。高油酸花生品种常对种子萌发期的低温敏感，如播前连续 5 d 的 5 cm 日均地温在 15 ℃以上即为适宜播期；采用抗低温高湿的种衣剂包衣，可适时早播。无墒造墒，有墒抢墒，覆膜播种。生育期间注意防治病虫草害，后期注意防涝。适期收获。备种、播种、田间管理、收获、干燥和贮藏各个环节注意防止机械混杂，确保品种纯度。

适宜种植区域及季节：适宜在山东、辽宁、吉林、内蒙古春播种植。

注意事项：对低温高湿敏感，建议黄淮流域于 5 月 1 日后播种，东北地区可用抗低温高湿的种衣剂包衣后适时早播。该品种高感青枯病、叶斑病，感锈病，要避免种植在青枯病地块，并注意防治叶部病害。

9. 登记编号：GPD 花生（2022）370133

品种名称：花育 665

申　请　者：山东省花生研究所、山东鲁花集团有限公司

育　种　者：王传堂　张建成　王秀贞　唐月异　吴琪　王志伟　杜祖波　李秋

品种来源：冀花 4 号×CTWE

特征特性：油食兼用类型品种。珍珠豆型。生育期 119 d，株型直立，主茎高 33.90 cm，侧枝长 41.40 cm，总分枝 11.0 个，单株饱果数 38.0 个，叶片中绿，椭圆形，中等大小；荚果普通型，果嘴明显程度中，荚果表面质地中，缢缩程度中；百果重 160.80 g，饱果率 89.30%；籽仁柱形，种皮浅红色，内种皮白色，百仁重 67.50 g，出仁率 75.50%。籽仁含油量 52.40%，蛋白质含量 25.30%，油酸含量 79.00%，亚油酸含量 3.20%。高感青枯病，

感叶斑病，中抗锈病。荚果第 1 生长周期 399.1 kg/667 m²，比对照花育 20 号增产 9.43%；第 2 生长周期 409.7 kg/667 m²，比对照花育 20 号增产 5.77%。籽仁第 1 生长周期 301.9 kg/667 m²，比对照花育 20 号增产 11.61%；第 2 生长周期 311.1 kg/667 m²，比对照花育 20 号增产 14.66%。

栽培技术要点： 选择适于花生高产的沙质土壤或壤土，创造全土层深厚、结果层疏松的土壤条件。前作或冬耕时根据地力施足基肥。备种时根据品种特征作好果选、米选，选择健康、饱满的 1 级米作种。春播密度为 1.2 万穴/667 m²，每穴 2 粒。高油酸花生品种常对种子萌发期的低温高湿敏感，如播前连续 5 d 的 5 cm 日均地温在 15 ℃以上即为适宜播期；可采用抗低温高湿的种衣剂包衣，适时早播。无墒造墒，有墒抢墒，覆膜播种。生育期间注意防治病虫草害，后期注意防涝。适期收获。备种、播种、田间管理、收获、干燥和贮藏各个环节注意防止机械混杂，确保品种纯度。

适宜种植区域及季节： 适宜在山东、辽宁春播种植。

注意事项： 对低温高湿敏感，建议黄淮流域于 5 月 1 日后播种，东北地区可用抗低温高湿的种衣剂包衣后适时早播。该品种高感青枯病、感叶斑病，要避免种植在青枯病地块，并注意防治叶部病害。

10. 登记编号：GPD 花生（2022）370148

申 请 者： 山东农业大学

育 种 者： 刘兆新 李向东 高芳 张倩

品种来源： 604×L 黑

特征特性： 食用、鲜食类型品种。中间型。生育期 130 d。株型直立，主茎高 39.60 cm，侧枝长 45.50 cm，总分枝 11.2 个，结果枝 7.8 个，单株饱果数 20.0 个；叶片深绿色，长椭圆形，中等大小；荚果普通型，果嘴明显程度弱，荚果表面质地中、缩缢程度弱；百果重 261.30 g，饱果率 71.70%；籽仁柱形，种皮深紫色，内种皮浅黄色，百仁重 93.50 g，出仁率 79.70%。籽仁含油量

50. 86%，蛋白质含量 23.32%，油酸含量 39.90%，亚油酸量 39. 15%。中抗锈病，中感青枯病，感叶斑病、黑斑病。荚果第 1 生长周期 381. 2 kg/667 m²，比对照山花 9 号增产 10. 90%；第 2 生长周期 350. 1 kg/667 m²，比对照山花 9 号增产 8. 60%；籽仁第 1 生长周期 253. 2 kg/667 m²，比对照山花 9 号增产 6. 80%；第 2 生长周期 224. 1 kg/667 m²，比对照山花 9 号增产 1. 80%。

栽培技术要点：该品种适合春播、麦田套种、夏直播盖膜等种植方式，适合种植在肥力中等或中等偏上的沙壤土地块；春播 4 月底至 5 月上旬播种，0. 8 万~0. 9 万穴/667 m²，麦田套种在麦收前 15~20 d 播种，0. 9 万~1. 0 万穴/667 m²；夏直播盖膜于 6 月 10—15 日以前播种，1 万穴/667 m²，每穴 2 株。每 667 m² 施优质土杂肥 4 000 kg、磷酸二铵 30 kg、硫酸钾 15 kg 作为基肥，或在开花前追施。

适宜种植区域及季节：适宜在山东春季、夏季种植。

注意事项：做到足墒播种。注意防止花针期、饱果成熟期干旱和结荚期涝害。花针期以后加强对棉铃虫、蛴螬的防治。控制旺长，防止倒伏，中后期防治叶斑病，防止早衰。

11. 登记编号：GPD 花生（2022）410131

品种名称：濮花 75 号

申 请 者：濮阳市农业科学院

育 种 者：濮阳市农业科学院

品种来源：豫花 15 号×开 1715

特征特性：油食兼用类型品种。普通型。生育期 121 d。株型直立，主茎高 41. 70 cm，侧枝长 45. 54 cm，总分枝 8. 0 个，结果枝 7. 0 个，单株饱果数 20. 0 个；叶片浅绿，长椭圆形，中等大小；荚果普通型，果嘴明显程度浅，荚果表面质地粗糙，无缢缩；百果重 211. 35 g，饱果率 95. 60%；籽仁柱形，种皮浅红色，内种皮浅黄色，百仁重 83. 77 g，出仁率 69. 43%。籽仁含油量 52. 64%，蛋白质含量 22. 80%，油酸含量 76. 00%，亚油酸含量 5. 98%。高感青枯病，感叶斑病，感锈病。荚果第 1 生长周期 346.9 kg/667 m²，比对照花育 33 号增产 9.30%；第 2 生长周期 337.3 kg/667 m²，比对照花育 33 号增产 29.99%。籽仁第 1 生长周期 240.8 kg/667 m²，比对照花育 33 号增产 8.06%；第 2 生长周期产量 236.1 kg/667 m²，比对照花育 33 号增产 31.87%。

栽培技术要点：①春播要求进入 5 月后 5 cm 地温稳定在 18 ℃以上时播种，麦套种植宜在 5 月 10—25 日播种；夏播宜在 6 月 10 日之前播种。②春播、麦套种植密度为 2 万株/667 m²，夏播为 2.4 万株/667 m²，每穴 2 粒。③生育中后期注意叶部病害的防控。④合理喷施生长调节剂防止倒伏。⑤多数荚果饱满成熟（内果壳变黑或褐色）时应及时收获。

适宜种植区域及季节：适宜在河南、河北、山东、安徽、江苏等地种植。

注意事项：该品种易感叶斑病、锈病，后期应注意加强防治。

12. 登记编号：GPD 花生（2022）410132

品种名称：濮花 78 号

申 请 者：濮阳市农业科学院

育 种 者：濮阳市农业科学院

品种来源：漯花 9 号×开 1715

特征特性：油食兼用类型品种。普通型。生育期 114 d。株型直立，主茎高 33.60 cm，侧枝长 38.80 cm，总分枝 6.9 个，结果枝 5.8 个，单株饱果数 13.9 个；叶片中绿，椭圆形，中等大小；荚果普通型，果嘴明显程度弱，荚果表面质地光滑，缢缩程度弱；百果重 193.90 g，饱果率 86.40%；籽仁柱形，种皮浅红色，内种皮深黄色，百仁重 77.80 g，出仁率 70.50%。籽仁含油量 52.88%，蛋白质含量 22.20%，油酸含量 79.40%，亚油酸含量 3.26%。感青枯病，感叶斑病，中抗锈病。荚果第 1 生长周期 318.5 kg/667 m²，比对照远杂 9102 增产 11.06%；第 2 生长周期 279.8 kg/667 m²，比对照远杂 9102 增产 10.75%。籽仁第 1 生长周期

225.9 kg/667 m²，比对照远杂 9102 增产 3.27%；第 2 生长周期 193.3 kg/667 m²，比对照远杂 9102 增产 10.27%。

栽培技术要点：①春播要求讲入 5 月后的 5 cm 地温稳定在 18 ℃以上时播种，麦套种植宜在 5 月 10—25 日播种；夏播宜在 6 月 10 日之前播种。②春播、麦套种植密度为 2 万株/667 m²，夏播为 2.4 万株/667 m²，每穴 2 粒。③生育中后期注意叶部病害的防控。④合理喷施生长调节剂防止倒伏。⑤多数荚果饱满成熟（内果壳变黑或褐色）时应及时收获。

适宜种植区域及季节：适宜在河南、河北、山东、山西、安徽、江苏黄淮海区域种植。

注意事项：易感叶斑病、青枯病，应注意后期防治。

13. 登记编号：GPD 花生（2022）370001

品种名称：潍花 15 号

申 请 者：山东省潍坊市农业科学院

育 种 者：姜言生、付春、鲁成凯、宋晓峰

品种来源：潍 45×鲁花 9 号

特征特性；珍珠豆型。油食兼用类型品种。生育期 120 d。株型直立，主茎高 36.6 cm，侧枝长 42.8 cm，总分枝 8.5 个，结果枝 7.9 个，单株饱果数 8.1 个；叶片颜色浅，倒卵形，叶片中；荚果茧形，果嘴明显程度弱，荚果表面质地中，缢缩程度弱；百果重 179 g，饱果率 42%；籽仁柱形，种皮浅红色，内种皮浅黄色，百仁重 76 g，出仁率 75%。籽仁含油量 55.50%，蛋白质含量 21.82%，油酸含量 40.0%，籽仁亚油酸含量 38.2%，茎蔓粗蛋白含量 11.3%，油亚比 1.04。感青枯病，高感叶斑病，中抗锈病、耐涝、抗旱性强，抗倒性较强。荚果第 1 生长周期 256.7 kg/667 m²，比对照花育 20 号增产 14.2%；第 2 生长周期 293.3 kg/667 m²，比对照花育 20 号增产 11.97%。籽仁第 1 生长周期 189.3 kg/667 m²，比对照花育 20 号增产 13.7%；第 2 生长周期 216.4 kg/667 m²，比对照花育 20 号增产 11.25%。

栽培技术要点：①每 667 m² 施有效含量 40% 的花生专用肥 75 kg；注意增施有机肥和磷肥。②适宜种植密度：春播 1.1 万穴/667 m²，2 粒/穴。③生育中后期防治叶斑病。④成熟后及时收获。

适宜种植区域及季节：适宜在山东、河南、河北、山西、辽宁和吉林小花生产区春播种植。

注意事项：油亚比略低，高感黑斑病和网斑病，注意防治叶斑病等。

14. 登记编号：GPD 花生（2019）370265

品种名称：潍花 23 号

申 请 者：山东省潍坊市农业科学院、山东省农业科学院生物技术研究中心

品种来源：花育 3 号×F18

特征特性：珍珠豆型油食兼用早熟小花生。生育期 120 d。株型直立。叶片长椭圆形，深绿色。连续开花，花冠黄色。主茎高 47.04 cm，侧枝长 52.27 cm。总分枝数 7.85 条，结果枝数 6.23 条，单株结果数 17 个。荚果普通型。籽仁柱形、粉红色、无裂纹、无油斑。种子休眠性强。百果重 165.13 g，百仁重 68.75 g，千克果数 793 个，千克仁数 1 774 个，出米率 73.38%。籽仁含油量 56.25%、蛋白质含量 22.5%、油酸含量 80%、亚油酸含量 3.31%、油亚比 24.2。茎蔓粗蛋白含量 12%。荚果第 1 生长周期 329.67 kg/667 m²，比对照花育 20 号增产 6.9%；第 2 生长周期 308.22 kg/667 m²，比对照花育 20 号增产 9.96%。籽仁第 1 生长周期 245.52 kg/667 m²，比对照花育 20 号增产 7.45%；第 2 生长周期 226.18 kg/667 m²，比对照花育 20 号增产 9.96%。

栽培要点：适于中等以上肥力水平的地块春播栽培。增施有机肥，每 667 m² 施低氮、高磷、中钾三元复合肥 60 kg 以上，中微量元素肥 25 kg；适宜种植密度：1.1 万~1.2 万穴/667 m²，2 粒/穴。

注意事项：该品种抗倒性中等，高产地块或多雨年份注意合理化控、防止倒伏。

15. 登记编号：GPD 花生（2019）370266

品种名称：潍花 25 号

申 请 者：山东省潍坊市农业科学院、山东省农业科学院生物技术研究中心

品种来源：潍花 8 号×F458

特征特性：普通型油食兼用早熟大花生。生育期 124 d。株型直立。叶片长椭圆形，深绿色。连续开花，花冠黄色。主茎高 58.36 cm，侧枝长 60.66 cm。总分枝数 9.08 条，结果枝数 7.29 条。单株结果数 26 个。荚果普通型，籽仁柱形，粉红色，无裂纹，有油斑。种子休眠性强。百果重 193.07 g，百仁重 121.7 g。千克果数 679 个，千克仁数 1 363 个。出米率 72.52%。籽仁含油量 51.97%、蛋白质含量 24.1%、油酸含量 81.9%、亚油酸含量 2.65%、油亚比 30.9。茎蔓粗蛋白含量 11%。荚果第 1 生长周期 468 kg/667 m²，比对照潍花 8 号增产 2.0%；第 2 生长周期 328 kg/667 m²，比对照花育 33 号增产 1.3%。籽仁第 1 生长周期 332 kg/667 m²，比对照潍花 8 号减产 4.4%；第 2 生长周期 238 kg/667 m²，比对照花育 33 号增产 7.2%。

栽培技术要点：适于中等以上肥力水平的地块春播栽培。增施有机肥，每 667 m² 施低氮、高磷、中钾三元复合肥 60 kg 以上，中微量元素肥 25 kg；适宜种植密度：1.1 万~1.2 万穴/667 m²，2 粒/穴。

注意事项：该品种抗倒性中等，高产地块或多雨年份注意合理化控、防止倒伏。

16. 登记编号：GPD 花生（2020）370085

作物种类：花生

品种名称：济花 2 号

申 请 者：山东省农业科学院生物技术研究中心、河南省农业科学院经济作物研究所

育 种 者：王兴军 赵术珍 李长生 董文召 赵传志 夏晗

品种来源：远杂 9307×W0010

特征特性：中间型。油食兼用。属中早熟花生品种，株型直立疏枝，较松散，主茎高 29.83 cm，侧枝长 33.83 cm，总分枝 10 个左右，开花时期长，结荚量中等 18.5 个/株，37 个/穴，24.3 g/株，48.8 g/穴。百果重 190.2 g，籽仁淡红色、桃形，百仁重 76 g，出仁率 77.16%。千克果数 608 粒，千克仁数 1398 粒，出米率 77.16%。籽仁含油量 50.9%，蛋白质含量 25.4%，油酸含量 41.1%，籽仁亚油酸含量 38.7%。中抗青枯病、叶斑病和锈病。抗旱耐涝性中。荚果第 1 生长周期 272.08 kg/667 m²，比对照远杂 9102 增产 16.59%；第 2 生长周期 290.23 kg/667 m²，比对照远杂 9102 增产 18.17%。籽仁第 1 生长周期 208.14 kg/667 m²，比对照远杂 9102 增产 20.36%；第 2 生长周期 218.25 kg/667 m²，比对照远杂 9102 增产 18.88%。

栽培技术要点：①播期：春播 4 月 25 日至 5 月 10 日；夏播 5 月 20 至 6 月 10 日。②密度：1.0 万~1.2 万穴/667 m²，2 粒/穴，高水肥地密度酌减，旱薄地密度酌增。③田间管理：春播在播种前要施足底肥，精细整地；麦后直播要抢时播种，及时中耕灭茬，早追肥，促苗早发。生育中期，要加强管理，及时做到旱浇涝排；当高产田块和多雨年份出现旺长趋势时要抓好化控措施，防止倒伏。

适宜种植区域及季节：适宜在安徽、河南、山东夏播种植。

注意事项：①高水肥地块及时控制旺长。②后期注重叶部病害防控，出现脱肥迹象时要及时进行叶面追肥，促进荚果发育充实。③成熟期适时收获，及时晾晒，防止烂果、热捂。

17. 登记编号：GPD 花生（2021）370102

品种名称：济花 8 号

申 请 者：山东省农业科学院生物技术研究中心

育 种 者：王兴军 赵传志 李长生 夏晗 赵术珍 侯蕾 李爱芹 厉广辉

品种来源：花育 23 号×开农 176

特征特性：珍珠豆型。油食兼用。生育期 121 d。株型直立，主茎高 35 cm，侧枝长 40.3 cm，总分枝 7.7 个，结果枝 6.6 个，单株饱果数 14.8 个；叶片颜色中，倒卵形，叶片小；荚果茧形，果嘴明显程度极弱，荚果表面质地中，缩缢程度弱；百果重 168 g，饱果率 83.9%；籽仁球形，种皮浅红色，内种皮浅黄色，百仁重 69 g，出仁率 74.6%。籽仁含油量 49.2%，蛋白质含量 27.1%，油酸含量 79.9%，籽仁亚油酸含量 3.99%。中抗青枯病、锈病，感叶斑病。荚果第 1 生长周期 346.7 kg/667 m²，比对照花育 20 号增产 18.8%；第 2 生长周期 319.25 kg/667 m²，比对照远杂 9102 增产 2.86%。籽仁第 1 生长周期 254.15 kg/667 m²，比对照花育 20 号增产 16.4%；第 2 生长周期 238.41 kg/667 m²，比对照远杂 9102 增产 3.33%。

栽培技术要点：①播种和密度：宜采用起垄种植，播种深度 3~5 cm。春播种植在 5 月上中旬播种，1.0 万~1.1 万穴/667 m²，2 粒/穴；麦垄套种应于 6 月 15 日前播种，1.1 万~1.2 穴/667 m²，2 粒/穴。②施肥和浇水：基肥以农家肥和氮、磷、钾复合肥为主，辅以微量元素肥料。生育中后期植株有早衰现象的，可随滴灌施入尿素 45~67 kg/hm²，施入磷酸二氢钾 60~90 kg/hm²。也可喷施适量的含有 N、P、K 和微量的其他肥料。③化学调控：土壤肥力较好地块，当主茎高度达到 30 cm 左右且有旺长趋势时，根据天气情况及土壤墒情喷施生长调节剂。④花生生育期间，应注意防治蚜虫、棉铃虫、蛴螬等害虫危害。生育后期，注意防治叶斑病发生。

适宜种植区域及季节：适宜在广西、安徽、河南、山东春播和夏播种植。

注意事项：高水肥地块易徒长；感花生网斑病。①花生生育期间，应及时防治网斑病、白绢病、青枯病、蛴螬等病虫害的发生。②春播种植应在 5 cm 地温稳定在 15 ℃以上时播种；麦套应在小麦收获前 10~15 d 播种。③高水肥地块及时控制旺长。

18. 登记编号：GPD 花生（2021）370103

品种名称：济花 9 号

申 请 者：山东省农业科学院生物技术研究中心

育 种 者：赵术珍 厉广辉 李爱芹 王兴军 李长生 夏晗 赵传志 侯蕾

品种来源：花育 31 号×开农 176

特征特性：普通型。油食兼用。生育期 123 d。株型直立，主茎高 39.8 cm，侧枝长 45.4 cm，总分枝 8.5 个，结果枝 7.3 个，单株饱果数 14.3 个；叶片颜色浅，椭圆形，叶片中；荚果普通型，果嘴明显程度极弱，荚果表面质地中，缢缩程度弱；百果重 227.3 g，饱果率 78.6%；籽仁柱形，种皮浅红色，内种皮深黄色，百仁重 88.2 g，出仁率 66.6%。籽仁含油量 53.3%，蛋白质含量 23.9%，油酸含量 81.6%，籽仁亚油酸含量 2.73%。感青枯病，中抗叶斑病，感锈病。荚果第一生长周期 372.8 kg/667 m^2，比对照花育 25 号增产 11.9%；第 2 生长周期 360.5 kg/667 m^2，比对照豫花 9326 增产 10.01%。籽仁第 1 生长周期 242.61 kg/667 m^2，比对照花育 25 号增产 2.4%；第 2 生长周期 240.6 kg/667 m^2，比对照豫花 9326 增产 7.46%。

栽培技术要点：①播种和密度：宜采用起垄种植，播种深度 3~5 cm。春播种植在 5 月上中旬播种，0.9 万~10.0 万穴/667 m^2，2 粒/穴；麦垄套种应于 6 月 15 日前播种，1.0 万~1.1 万穴/667 m^2，2 粒/穴。②施肥和浇水：基肥以农家肥和氮、磷、钾复合肥为主，辅以微量元素肥料。生育中后期植株有早衰现象的，可随滴灌施入尿素 45~67 kg/hm^2，施入磷酸二氢钾 60~90 kg/hm^2。也可喷施适量的含有 N、P、K 和微量的其他肥料。③化学调控：土壤肥力较好地块，当主茎高度达到 30 cm 左右且有旺长趋势时，根据天气情况及土壤墒情喷施生长调节剂。④花生生育期间，应注意防治蚜虫、棉铃虫、蛴螬等害虫危害。生育后期，注意防治叶斑病发生。

适宜种植区域及季节：适宜安徽、河南、山东春播和夏播种植。

注意事项：高水肥地块易徒长；感青枯病。①花生生育期间，应及时防治白绢病、青枯病、蛴螬等病虫害的发生。②春播种植应在 5 cm 地温稳定在 18 ℃以上时播种；麦套应在小麦收获前 10~15 d播种。③高水肥地块及时控制旺长。

19. 登记编号：GPD 花生（2021）370104

品种名称：济花 10 号

申　请　者：山东省农业科学院生物技术研究中心

育　种　者：夏晗　侯蕾　李长生　赵术珍　王兴军　厉广辉　赵传志　李爱芹

品种来源：花育 23 号×DF12

特征特性：珍珠豆型。油食兼用。生育期 121 d。株型直立，主茎高 39.9 cm，侧枝长 43.9 cm，总分枝 8.3 个，结果枝 7.1 个，单株饱果数 13.5 个；叶片颜色中，椭圆形，叶片中；荚果茧形，果嘴明显程度极弱，荚果表面质地中，缢缩程度弱；百果重 220.8 g，饱果率 83.5%；籽仁柱形，种皮浅红色，内种皮浅黄色，百仁重 82.3 g，出仁率 69.4%。籽仁含油量 48.9%，蛋白质含量 28.7%，油酸含量 78.6%，籽仁亚油酸含量 3.48%。中抗青枯病，感叶斑病，感锈病。荚果第 1 生长周期 348.1 kg/667 m^2，比对照花育 20 号增产 19.2%；第 2 生长周期 327.4 kg/667 m^2，比对照远杂 9102 增产 6.51%。籽仁第 1 生长周期 245.37 kg/667 m^2，比对照花育 20 号增产 12.4%；第 2 生长周期 227.6 kg/667 m^2，比对照远杂 9102 减产 0.09%。

栽培技术要点：①播种和密度：宜采用起垄种植。播种深度 3~5 cm。春播种植在 5 月上中旬播种，1.0 万~1.1 万穴/667 m^2，每穴 2 粒；麦垄套种应于 6 月 15 日前播种，1.1 万~1.2 万穴/667 m^2，2 粒/穴。②施肥和浇水：基肥以农家肥和氮、磷、钾复合肥为主，辅以微量元素肥料。生育中后期植株有早衰现象的，可随滴灌施入尿素 45~67 kg/hm²，施入磷酸二氢钾 60~90 kg/hm²。也可喷施适量的含有 N、P、K 和微量的其他肥料。③化学调控：土壤肥力较好地块，当主茎高度达到 30 cm 左右且有旺长趋势时，根据天气情况及土壤墒情喷施生长调节剂。④花生生育期间，应注意防治蚜虫、棉铃虫、蛴螬等害虫。生育后期，注意防治叶斑病发生。

20. 登记编号：GPD 花生（2021）410098

品种名称： 开农 96

申 请 者： 开封市农林科学研究院

育 种 者： 谷建中　任丽　邓丽　李阳　殷君华　苗建利　郭敏杰　芦振华　房元瑾　李绍伟等

品种来源： 开农 69×漯花 4087

特征特性： 普通型。鲜食、油食兼用。生育期 124 d。株型直立，主茎高 42.61 cm，侧枝长 44.45 cm，总分枝 8 个，结果枝 7 个，单株饱果数 13 个；叶片颜色中，椭圆形，叶片中；荚果普通型，果嘴明显程度弱，荚果表面质地中，缢缩程度弱；百果重 246.88 g，饱果率 83.71%；籽仁柱形，种皮浅红色，内种皮深黄色，百仁重 110.35 g，出仁率 69.20%。种皮无油斑、无裂纹。籽仁含油量 54.69%，蛋白质含量 23.8%，油酸含量 46.2%，籽仁亚油酸含量 31.3%。中抗青枯病，中抗锈病，抗旱性强，耐涝性强，高感叶斑病。荚果第 1 生长周期 374.15 kg/667 m²，比对照花育 33 号增产 15.72%；第 2 生长周期 382.63 kg/667 m²，比对照花育 33 号增产 7.44%。籽仁第 1 生长周期 258.15 kg/667 m²，比对照花育 33 号增产 16.48%；第 2 生长周期 265.44 kg/667 m²，比对照花育 33 号增产 7.51%。

栽培技术要点： ①种子处理：花生剥壳前晒种：晾晒后精细选种，挑选无霉变而饱满的花生荚果，手工剥壳后剔除秕粒、病粒、坏粒。选择粒大饱满、皮色亮泽、无病斑、无破损的籽粒做种子；用杀菌剂、杀虫剂进行拌种。②地块选择：选择地块平整、肥力中上等的沙土或壤土。③播期和密度：春播在 4 月下旬至 5 月上旬播种，0.9 万~1.0 万穴/667 m²，每穴 2 粒种子，春播种植应在 5 cm 地温稳定在 15 ℃以上时播种；夏播种植适宜在 5 月中下旬至 6 月上旬种植，1.0 万~1.1 万穴/667 m²，每穴 2 粒种子。④肥水管理：基肥以农家肥和氮、磷、钾复合肥为主，辅以微量元素肥料，初花期可酌情追施尿素或硝酸磷肥；干旱时及时浇水，开花后要保证水分充足供应，特别是要浇好花针期、结荚期 2 次关键水。⑤防治病虫害：花生生育期间，应注意网斑病、白绢病、青枯病等病害的发生，及时防治蚜虫、棉铃虫、蛴螬等害虫危害。⑥及时控旺：高水肥地块，及时控制旺长。⑦适时收获：结合花生地上植株、地下荚果的成熟度及时收获，防止花生落果、老化、发芽。

适宜种植区域及季节：适宜在河南、山东、河北、江苏、安徽、辽宁和北京春播和夏播种植。

注意事项：高感叶斑病、高水肥地块易旺长。①花生生育期间，应及时防治叶斑病、白绢病等病害，及时预防蚜虫、蛴螬等虫害的发生。②高水肥地块及时控制旺长。③该品种春播种植应在 5 cm 地温稳定在 15 ℃以上时播种；麦套种植与小麦共生期掌握在 15 d 以内为宜。

21. 登记编号：GPD 花生（2021）410099

品种名称：开农 100

申 请 者：开封市农林科学研究院

育 种 者：谷建中　任丽　邓丽　李阳　殷君华　苗建利　芦振华　郭敏杰　李绍伟　房元瑾等

品种来源：秋乐花 177×花育 50 号

特征特性：普通型。鲜食、油食兼用。生育期 111 d。株型直立，主茎高 46.65 cm，侧枝长 49.5 cm，总分枝 7 个，结果枝 6 个，单株饱果数 12 个；叶片颜色中，椭圆形，叶片大；荚果普通型，果嘴明显程度中，荚果表面质地中，缢缩程度弱；百果重 219.6 g，饱果率 82.1%；籽仁柱形，种皮浅红色，内种皮深黄色，百仁重 84.25 g，出仁率 67.25%。种皮无油斑、无裂纹。籽仁含油量 50.3%，蛋白质含量 26.05%，油酸含量 41.5%，籽仁亚油酸含量 36.85%。高感青枯病，感叶斑病，感锈病，中抗颈腐病，中抗网斑病。荚果第 1 生长周期 340.33 kg/667 m^2，比对照豫花 9327 增产 9.11%；第 2 生长周期 348.79 kg/667 m^2，比对照豫花 9327 增产 12.44%。籽仁第 1 生长周期 227.59 kg/667 m^2，比对照豫花 9327 增产 5.5%；第 2 生长周期 235.15 kg/667 m^2，比对照豫花 9327 增产 9.58%。

栽培技术要点：①种子处理：花生剥壳前晒种；晾晒后精细选种，挑选无霉变而饱满的花生荚果，手工剥壳后剔除秕粒、病粒、坏粒，选择粒大饱满、皮色亮泽、无病斑、无破损的籽粒做种子；用杀菌剂、杀虫剂进行拌种。②地块选择：选择地块平整、肥力中上等的沙土或壤土。③播期和密度：春播在 4 月下旬至 5 月上旬播种，1.0 万~1.1 万穴/667 m^2，每穴 2 粒种子，春播种植应在 5 cm 地温稳定在 15 ℃以上时播种；夏播种植应在 5 月中下旬至 6 月上旬播种，1.1 万~1.2 万穴/667 m^2，每穴 2 粒种子。④肥水管理：基肥以农家肥和氮磷钾复合肥为主，辅以微量元素肥料，初花期可酌情追施尿素或硝酸磷肥；干旱时及时浇水，开花后要保证水分充足供应，特别是要浇好花针期、结荚期 2 次关键水。⑤防治病虫害：花生生育期间，应注意叶斑病、白绢病、锈病、青枯病等病害的发生，及时防治蚜虫、棉铃虫、蛴螬等害虫危害。⑥及时控旺：高水肥地块，及时控制旺长。⑦适时收获：结合花生地上植株、地下荚果的成熟度及时收获，防止花生落果、老化、发芽。

适宜种植区域及季节：适宜在河南春播和夏播种植。

注意事项：高感花生青枯病、感叶斑病。①花生生育期间，应及时防治青枯病、叶斑病、锈病、白绢病等病害，注意预防蚜虫、蛴螬等虫害的发生。②高水肥地块及时控制旺长。③该品种春播种植应在 5 cm 地温稳定在 15 ℃以上时播种；麦套种植与小麦共生期掌握在 15 d 以内为宜。

22. 登记编号：GPD 花生（2020）320086

品种名称：徐花 22

申 请 者：江苏徐淮地区徐州农业科学研究所

育 种 者：江苏徐淮地区徐州农业科学研究所

品种来源：鲁花 12 号×徐州 68-4

特征特性：中间型。油食兼用。生育期 124 d，株型直立，叶片长椭圆形、绿色，连续开花，花色橙黄，荚果普通型，籽仁椭圆形、粉红色、无裂纹、无油斑，种子休眠性强。主茎高 52.24 cm，侧枝长 56.1 cm。总分枝数 9 条，结果枝数 7 条。单株结果数 17 个。百果重 270.47 g，百仁重 101.1 g。千克果数 480 个，千克仁数 1 225 个。出米率 68.5%。抗旱性强、耐涝性强、抗倒伏性弱。高感叶斑病。籽仁含油量 53.3%，蛋白质含量 28.5%，油酸含量 43.2%，籽仁亚油酸含量 34%，油亚比 1.27。感病青枯病，高感叶斑病，感病锈病。荚果第 1 生长周期 363.68 kg/667 m^2，比对照花育 33 号增产 14.6%；第 2 生长周期 348.24 kg/667 m^2，比对照花育 33 号增产 11.5%。籽仁第 1 生长周期 251.82 kg/667 m^2，比对照花育 33 号增产 13.3%；第 2 生长周期 238.54 kg/667 m^2，比对照花育 33 号增产 11.42%。

栽培技术要点：①要选肥力中上等、排水良好的沙土、沙壤土种植，重黏土不宜种植。②适期播种，露地春播于 4 月底 5 月上旬、地膜覆盖提前 15 d，夏播于 6 月 15 日前播种为宜。要足墒播种、提高播种质量，力争一播全苗。③合理密植。一般中肥地 0.9 万~1.1 万穴/667 m^2，每穴 2~3 粒为宜。④要施足基肥，增施有机肥。中等肥力地块，每 667 m^2 施土杂肥 3 000~5 000 kg，复合肥（N、P、K 总含量45%）30~40 kg 或花生专用肥 40~50 kg，尿素 5~7 kg 作底肥，旋耕掺和入土。有条件的可采用起垄和地膜覆盖栽培技术。⑤及时做好田间管理及病、虫、草害的防治工作。a. 播种前用 50% 多菌灵粉剂按种子量的 1% 拌种预防茎腐病。b. 苗期及时防治蚜虫，枯萎病。c. 生育中期如出现生长瘦弱或生长过旺现象，要用生化剂及时进行促控。d. 即将封行时，结合中耕培土，要用辛硫磷毒土防治蛴螬等地下害虫。e. 整个生育期间要及时除草，雨季要做好排涝降渍工作。f. 及时收获晒干，预防毒烂、发芽、变质。确保丰产丰收。

适宜种植区域及季节：适宜在江苏和安徽淮北地区、河南、山东、河北、辽宁春季种植。

注意事项：感叶斑病，注意生育后期防治。

23. 登记编号：GPD 花生（2020）320091

品种名称：徐花 21

申 请 者：江苏徐淮地区徐州农业科学研究所

育 种 者：江苏徐淮地区徐州农业科学研究所

品种来源：豫花 9326×徐州 68-4

特征特性：中间型。油食兼用。生育期 126 d，连续开花，株型直立，叶形长椭圆，叶深绿色，花黄色。荚果形状普通型，网纹深。种仁椭圆，种皮浅褐色，无油斑、无裂纹。种子休眠性强。主茎高 36.7 cm，侧枝长 40.4 cm，总分枝数 8 条，结果枝数 7 条，单株结果数 17 个，百果重 263.56 g，百仁重 105.6 g，千克果数 490 个，千克仁数 1 093 个，出米率 72.38%。籽仁含油量 53.16%，蛋白质含量 24.78%，油酸含量 44.75%，籽仁亚油酸含量 33.55%，油亚比 1.33。感病青枯病，感病叶斑病，感病锈病。荚果第 1 生长周期 356.43 kg/667 m²，比对照花育 33 号增产 2.23%；第 2 生长周期 356.43 kg/667 m²，比对照花育 33 号增产 11.5%。籽仁第 1 生长周期 257.98 kg/667 m²，比对照花育 33 号增产 5.88%；第 2 生长周期 252.4 kg/667 m²，比对照花育 33 号增产 10.7%。

栽培技术要点：①要选肥力中上等、排水良好的沙土、沙壤土种植，重黏土不宜种植。②适期播种，露地春播于 4 月底 5 月上旬、地膜覆盖提前 15 d，夏播于 6 月 15 日前播种为宜。要足墒播种，提高播种质量，力争一播全苗。③合理密植。一般中肥地 0.9

万~1.1 万穴/667 m², 每穴 2~3 粒为宜。④要施足基肥, 增施有机肥。中等肥力地块, 每 667 m² 施土杂肥 3 000~5 000 kg, 复合肥 (15-15-15) 30~40 kg 或花生专用肥 40~50 kg。尿素 5~7 kg 作底肥, 旋耕掺和入土。有条件的可采用起垄和地膜覆盖栽培技术。⑤及时做好田管理及病、虫、草害的防治工作。a. 播种前用 50% 多菌灵粉剂按种子量的 1% 拌种预防茎腐病。b. 苗期及时防治蚜虫, 枯萎病。c. 生育中期如出现生长瘦弱或生长过旺现象, 要用生化剂及时进行促控。d. 即将封行时, 结合中耕培土, 要用辛硫磷毒土防治蛴螬等地下害虫。e. 整个生育期间要及时除草, 雨季要做好排涝降渍工作。f. 及时收获晒干, 预防毒烂、发芽、变质。确保丰产丰收。

适宜种植区域及季节: 适宜在江苏和安徽淮北地区、河南、山东、河北、辽宁春季种植。

注意事项: 个别年份花生网斑病较重, 注意防治。

24. 登记编号: GPD 花生 (2020) 320092

品种名称: 徐花 14 号

申　请　者: 江苏徐淮地区徐州农业科学研究所

育　种　者: 江苏徐淮地区徐州农业科学研究所

品种来源: 鲁花 9 号×油杂 2

特征特性: 珍珠豆型。油食兼用。徐花 14 号属珍珠豆型、早熟、中粒品种。株型直立、疏枝、连续开花。在中上等肥力地块、1 万穴/667 m² 左右的密度下, 主茎高 32~35 cm, 侧枝长 36 cm 左右, 总分枝 6~8 条, 结果枝 5 条左右。叶片宽椭圆形, 绿色, 较大。荚果近似茧形, 中等大小, 整齐。籽仁桃圆形, 皮色粉红, 无褐斑, 无裂纹。百果重 181.4 g, 百仁重 74.8 g, 千克果数 1 191 个, 千克仁数 2 377粒, 出仁率 73.82%。生育期春播 122 d, 夏播 108 d 左右。该品种出苗整齐, 植株较矮。籽仁含油量 55.45%, 蛋白质含量 25.34%, 油酸含量 48.8%, 籽仁亚油酸含量 27.6%。感青枯病, 中抗叶斑病, 中抗锈病, 种子休眠性和抗涝性一般。荚果第 1 生长周期 233.0 kg/667 m², 比对照鲁花 12 号增产 7.80%; 第 2 生长周期 206.2 kg/667 m², 比对照鲁花 12 号增产 0.89%。籽仁第 1 生长周期 169.62 kg/667 m², 比对照鲁花 12 号增产 8.56%; 第 2 生长周期 154.3 kg/667 m², 比对照鲁花 12 号增产 4.20%。

栽培技术要点: ①选肥力中上等、排水良好的沙土、沙壤土种植, 重黏土不宜种植。②适期播种, 露地春播于 4 月底 5 月上旬、地膜覆盖提前 15 d, 夏播于 6 月 15 日前播种为宜。要足墒播种, 提高播种质量, 力争一播全苗。③合理密植。一般中肥地 0.9 万~ 1.1 万穴/667 m², 每穴 2~3 粒为宜。④施足基肥, 增施有机肥。中等肥力地块, 每 667 m² 施土杂肥 3 000~5 000 kg, 复合肥 (N、P、K 总含量 45%) 30~40 kg 或花生专用肥 40~50 kg, 尿素 5~7 kg 作底肥, 旋耕掺和入土。有条件的可采用起垄和地膜覆盖栽培技术。⑤及时做好田间管理及病、虫、草害的防治工作。a. 播种前用 50% 多菌灵粉剂按种子量的 1% 拌种预防茎腐病。b. 苗期及时防治蚜虫, 枯萎病。c. 生育中期如出现生长瘦弱或生长过旺现象, 要用生化剂及时进行促控。d. 即将封行时, 结合中耕培土, 要用辛硫磷毒土防治蛴螬等地下害虫。e. 整个生育期间要及时除草, 雨季要做好排涝降渍工作。f. 及时收获晒干, 预防霉烂、发芽、变质。确保丰产丰收。

适宜种植区域及季节: 适宜在河南、山西、辽宁、河北中南部、山东中西部、江苏春播和夏播种植。

注意事项: 种子休眠性和抗涝性一般。

第三节　优质品种的主要特性与选择

我国是一个花生生产、消费大国和外贸出口大国, 在国民经济快速发展、人民生活水平和消费水平日益提高的形势下, 花生生产上对品种有了更多、更高的要求。我国人口多, 人均耕地少, 粮油争地矛盾突出, 农民增产、增收要求迫切, 在选择花生品种时必须考虑到当地的实际情况以及产业需求。

花生是我国重要的经济作物，不同花生品种在产量、油脂和蛋白质含量、加工特性等方面存在广泛差异。为了满足人民对食用油的需求，需要选择高油品种；为解决人民生活所需的蛋白质，就要选择高蛋白品种；为了提升食用油品质，就选择高油酸品种；为了提升生产效率，就要选择适宜机械化生产的品种；考虑出口创汇，提高我国花生在国际花生市场上的竞争力，就要根据国际市场的要求，选择商品性好、口味好、耐贮性好的品种。

除此之外，多抗、广适、适宜机械化生产的花生新品种能够有效减少农药、化肥的施用，节省水资源和生产成本，满足花生绿色、高效生产的发展方向。

综上所述，选择高产、优质、专用、多抗、适应性强和适宜机械化生产的花生新品种，是促进花生产业效益的提高、促进农民增产增收的基础。

一、高产

高产是花生新品种培育的主要目标和基本的要求，一个品种纵然品质再好、抗性再强，如果不能达到一定的产量水平，也很难为生产上所接受。产量受多种因素制约，它是品种本身的特征特性与环境条件共同作用的结果。具备高产潜力的品种，必须与自然条件良好配合，才能获得更高的产量；如果品种不具高产潜力或环境条件制约，均难以高产。高产品种首先应该具有合理的株型和良好的光合性能，能充分利用水、肥、光、温和 CO_2 等。

二、优质

花生的品质视用途不同分为外观品质和营养品质。外观品质包括荚果及籽仁的大小、颜色、形状等；营养品质包括脂肪、蛋白质、氨基酸、糖、维生素等的含量及组成。

（一）外观品质

我国花生品质的项目与标准基本与国际相同，在国际贸易中食用花生分为大粒型、中粒型和小粒型3种类型。我国以大粒型和小粒型为主（俗称大花生、小花生）。大花生：花生果要求大果、双粒、果腰明显、网纹粗浅、果嘴短突、外果皮乳白色；花生仁要求籽仁呈长椭圆形，种皮淡红、无杂色、无裂纹、色泽均匀美观整齐。小花生：荚果茧形，网纹细浅，籽仁呈圆形，种皮淡红色。

（二）营养品质

主要指花生仁中脂肪酸、蛋白质、氨基酸、糖、维生素等的含量及组成。

1. 高油

花生是我国食用植物油的主要来源。相较于其他油料作物，花生相对产油量最高，对于保障我国油料安全具有重要作用。随着农业产业结构升级以及其他客观因素，很难在现有的基础上进一步扩大花种植面积，选择含油量高的品种，增加植物油总产量来满足市场需求是极其必要的。花生籽仁脂肪酸含量提高，有利于提升榨油效益，更受市场青睐。选择种植高油花生新品种，对于花生生产者增收具有重要意义。高油花生品种的具体指标为：籽仁中粗脂肪含量高于55%。

2. 高蛋白

花生营养价值较高，籽仁中富含蛋白质，蛋白质含量仅次于大豆，其中含有大量人体必需的氨基酸。花生蛋白消化系数高达90%以上，易被人体吸收。花生蛋白主要由花生球蛋白和伴花生球蛋白组成，其中花生球蛋白占63%，伴花生球蛋白占33%，是一种高营养的植物蛋白资源。随着人民生活水平的提高，健康意识的不断增强，重视花生蛋白资源的开发利用，对于改善人们的膳食结构具有重要意义。榨油后剩余的花生粕也是重要的饲用蛋白来源。

目前，生产上种植的花生品种，特别是大花生品种，蛋白质含量多在30%以下。而珍珠豆和多粒型资源，蛋白质含量超过30%

的并不少见。高蛋白大花生品种蛋白质含量应为 28% 以上，高蛋白小花生品种蛋白质含量不应低于 30%。

3. 高油酸

影响花生油脂营养和商品品质的重要因素是脂肪酸的组成。花生油脂的主要成分是油酸、亚油酸和棕榈酸，三者之和占总脂肪酸的 90% 以上。油酸和亚油酸是不饱和脂肪酸，油酸为单不饱和脂肪酸，亚油酸为多不饱和脂肪酸。食用高油酸花生可降低人体血液低密度脂蛋白（LDL）胆固醇，有益心脑血管健康。花生油或其他花生制品的油酸含量越高就越不易变质，其货架期就越长。所以，油酸含量是影响花生油理化性状稳定性和营养价值的重要品质指标之一。

因此，选择高油酸花生对于提高人民生活水平和增进健康具有重要意义。高油酸花生品种的具体标准为：脂肪中油酸含量 > 75%，油亚比 ≥ 9。

4. 糖

随着花生食用量的增大，人们对花生的口味品质将更为重视，研究证明花生的蔗糖含量与口味品质显著相关。花生籽仁中有 10%~20% 的碳水化合物，其中，膳食纤维对身体健康有诸多益处，如降低胆固醇、减少肥胖、降低结肠癌发病率、促进心血管健康、改善血糖和血压。花生籽仁中还有多种可溶性糖类，如肌醇、葡萄糖、果糖、蔗糖、棉子糖、水苏糖，其中蔗糖大约占 90%。花生的甜味主要取决于蔗糖的含量，且甜味是可遗传的性状。油炸及烘烤都会造成花生籽仁中营养成分流失，因此，鲜食花生营养最高，而影响鲜食风味的蔗糖含量就非常值得关注。

三、生育期与休眠性

（一）生育期

根据生产和市场发展的要求，选择符合栽培改制、提高复种指数要求的早熟花生品种为主，搭配中熟和超早熟品种。种植早熟种和超早熟种，便于实施花生和其他作物一年二熟或多熟制，又可避免灾害或减轻受灾程度，如常年易发生秋旱的地区，早熟种或超早熟种，早熟早收，可避免或减轻旱害。早熟种，尤其是超早熟种，可以提早上市，满足消费者需求。

花生生育期与荚果大小、产量和品质等均有一定的相关性。一般早熟、超早熟品种比中熟、晚熟品种荚果较小，产量低，但早熟种含油率特别是出油率则较高。中熟品种，首先要着眼于高产，如生育期较长、不比早熟种高产，意义就不大。

（二）休眠性

种子成熟后虽具备萌发能力，但在光、温度、水、氧气等环境因子适宜的条件下仍不能萌发的现象称为种子的休眠。休眠期较短或不明显的品种，成熟或收获季节如遇连阴天或收获不及时，易在荚果中发芽，严重降低花生品质和种子质量，给生产带来损失；休眠期长的品种，播种后会出现出苗不齐的现象，同样会影响产量。不同的播种时间及栽培制度应考虑花生品种休眠性问题。

四、多抗

病虫害及不良气候条件严重威胁着花生的高产、稳产和优质。选育抗性强的品种是防治病虫害及抵御不良环境的经济有效的措施。花生抗性育种主要有抗生物胁迫（抗病、抗虫）、抗非生物胁迫（抗旱性、耐涝性、耐阴性等）育种等。

（一）抗虫、抗病

叶斑病、网斑病、锈病、线虫病、青枯病、病毒病是我国花生的主要病害，与由黄曲霉侵染所导致的黄曲霉毒素污染严重危及花生食品安全。在全国范围内分布最广和危害最重的花生虫害有鞘翅目害虫蛴螬和金针虫，鳞翅目害虫棉铃虫、地老虎、花生卷叶虫以及同翅目的蚜虫等。

目前，花生病虫害的主要防治方法是施用化学药剂，但有产生抗药性之虞，且会造成环境污染和农药残留。农药残留不仅影响花生品质和人体健康，而且直接影响到商品在市场上的竞争力。选择抗性品种是防治花生病虫害最为经济有效的途径。利用抗性品种亦是花生绿色食品生产的重要组成部分。

（二）抗非生物胁迫

1. 抗旱性

花生是中等耐旱作物和拓荒作物。在山东，花生种植很多集中于丘陵山坡地块，缺乏水浇条件。近几年，花生在东北地区种植面积逐年增加，东北地区的春季干旱对花生的品质和产量有较大的影响。据统计，全国花生播种面积70%以上常年受不同程度的干旱危害，平均受灾面积在20%以上，严重时可达88%。在相同栽培条件下，选择抗旱花生品种具有重要经济价值。

目前，我国在花生抗旱机理分析、抗旱种质筛选、抗旱模型建立、抗旱QTL定位等方面的研究取得很大进展。山西农业大学经济作物研究所选育的汾花系列花生新品种抗旱性表现较好。

2. 耐涝性

花生抗旱而对涝渍敏感，涝害对花生生长发育、生理特性、品质和产量具有显著影响。随着全球气候变化，洪涝灾害频发，导致我国北方地区花生大面积减产。除直接影响外，涝害容易引起叶斑病、白绢病等病害高发及黄曲霉侵染等问题，严重影响花生产量。因此，选育耐涝花生新品种具有重要意义。

目前，我国在耐涝形态和生长发育鉴定、产量及相关性状鉴定、生理生化特性研究等方面取得较大进展。目前周花系列、湛油系列、花育系列均选育出耐涝花生新品种。

3. 耐阴性

为缓解粮油争地矛盾，长期以来花生与其他作物进行间作的种植模式在我国生产上占有很大的比例。不同类型的花生品种对光强的敏感性有一定的差异，选育对光强不细花生新品种可满足间作套种种植方式的需求，进一步扩大花生的播种面积，提高生产效率。

4. 耐低温性

在北方花生产区，尤其是东北地区，播种期和苗期常遇低温，造成春花生烂种、缺苗断垄。选择耐低温品种可满足北方大花生产区和东北早熟花生产区生产需要，对鲜食花生生产具有重要意义。花育 44 号等花生品种耐低温表现良好。选用耐低温花生品种以及配套覆盖地膜等栽培措施，辅以特定类型拌种剂是目前解决花生低温胁迫的主要方法。

5. 广适性

广适性是花生重要育种目标之一。不同花生产区在积温、光照时间、种植模式上差异很大，品种的适应性决定了其发展推广潜力。目前，通过全国花生区试试验、黄淮海多点联合测试等区试试验，我国新育成的花生品种在适应性上表现良好。

6. 适宜机械化操作

花生生产机械化就是利用机械来完成花生种植过程中的各项作业内容。机械化操作可减轻劳动强度，提高劳动生产率，同时还可降低成本。国内外较发达的国家和地区花生机械化程度较高，如美国自 1950 年以来，花生生产中的播种、中耕、收获、干燥、脱壳等农艺过程全部实现了机械化，大大提高了工效，并把选育适于机械化栽培和加工的品种提到相当重要的位置。我国台湾省尽管花生种植面积不大，但花生生产已经基本实现机械化，选育适于机械化操作的品种也已成为该地区花生育种目标之一。我国北方花生区花生种植面积大，已研发出播种、覆膜、收获、干燥等各种适于花生生产的机械，机械化程度不断得到提高。随着我国农业机械化的发展，不难预料，花生生产的各个环节将逐渐由机械化操作替代以人工劳动力为主的状况，最终发展到完全实现机械化生产。因此，有必要加强适应机械化生产的花生新品种选育。果针强度高、结果集中、落果层一致、适收期长、籽仁不易破碎、种皮不易脱落等性状是主要育种目标。

第四章　花生生产机械应用

　　根据生产作业环节，花生生产机械一般主要可分为田间生产机械和产后初加工机械两大类，而田间生产机械主要包括耕整地、播种、田间管理、收获等机械，产后初加工机械主要包括干燥、脱壳等机械。发展花生生产各环节机械化对稳定花生种植规模、提高花生产业效益、促进产业健康发展具有重要意义。

第一节　花生生产机械化技术概况

　　统计数据表明，全球花生主要集中种植在亚洲、非洲和美洲地区，其中非洲花生种植面积最大，亚洲种植面积排名第2位，但产量最高。除了美国以外，其他发达国家鲜有花生规模化种植。美国花生生产机械化技术已经成熟，其耕整地、播种、田间管理、收获、干燥、脱壳等各个生产环节均早已全面实现机械化，代表了当前世界先进水平。而我国花生生产机械化目前还处于发展阶段，研发及应用水平与发达国家还有一定差距，因此，本章节将聚焦美国和我国花生机械化发展概况，重点就花生耕整地、播种、田间管理、收获、干燥、脱壳等环节机械化情况进行详细梳理和系统分析。

一、国外花生生产机械化技术概况

　　美国花生种植主要集中在乔治亚、阿拉巴马、佛罗里达、得克萨斯等南部地区，这些地区有大面积沙质土壤、雨量充沛、无霜期长，自然条件优越，适宜花生种植。

（1）耕整地。为了克服连作障碍，提高花生产量，美国花生种植主要实行一年一熟轮作种植制度，轮作方式主要为玉米—花生—棉花等。玉米或棉花收获后，一般将秸秆直接粉碎还田，根茬留在土中不作处理，经过一年的风化腐蚀，田间残留秸秆和根茬对花生播种作业影响已经很小。美国花生耕整地机械多为通用型设备，主要包括犁、圆盘耙、缺口耙等，为保证播种质量、提高土壤通透性和种子发芽率，一般播种前会利用上述设备对土壤进行耕整，以达到切碎前茬作物秸秆和根茬、疏松土壤，为根系提供良好的水、肥环境之目的。

（2）播种。美国花生播种机多为大型设备，由独立的播种单元组配而成，形成了系列化产品，作业幅宽可达 8 m 及以上；主要采用气力式或指夹式花生专用型单粒精量排种器，具有伤种率低、排种稳定、作业速度高等特点，最高作业速度可达 13 km/h。风沙地条件下，为防止风蚀，常采取免耕播种作业。为防止漏播，播种机往往配有漏播监测装置，为防止重播，可选配拖拉机辅助驾驶装置。播种时，花生种子均由专业种子公司直接提供给农场主，种子全部经过严格分级加工处理，并采用杀菌剂和杀虫剂进行包衣，进一步保证发芽率和种群数。

（3）田间管理。由于美国花生主产区气温高、空气湿度大，因此病虫草害发生较为普遍，其病虫草害防治多以化学药剂防治为主，配合农艺措施，通过轮作、深耕、种子包衣等综合措施进行防治。美国花生植保机械多为通用型设备，主要包括牵引式或自走式喷杆喷雾机和离心式粉剂撒布机，具有工作幅宽大、生产效率高等特点。不同生育期、不同气候条件下花生需水量不同，美国主要根据花生需水规律、土壤含水率、当地降水量等进行指标化和定量化灌溉，多采用大型移动式喷灌机，少数采用圆形喷灌机，总体而言，其灌溉设备喷洒均匀、效率高、水资源利用率高。

（4）收获。美国花生收获前，需通过专业手段确定最佳收获期，具体方法为：从田间随机拔起几株花生，用高压水枪将花生荚果（秕果除外）上的泥土冲洗干净，置于空气中，在氧化作用下，不同成熟度的花生荚果果壳发生褐变的程度不同，将褐变的花生与先期制作好的色板进行颜色比对，根据颜色分布比例，确定最佳收获期，防止过早收获造成花生品质和产量下降，以及过晚收获造成收获损失增加。

目前，美国花生收获全部采用两段式收获方式，即挖掘收获+捡拾联合收获作业方式。收获日期确定后，先采用挖掘收获机进行花生挖掘、清土、翻倒条铺作业，将花生荚果暴露在最上端使其快速干燥；挖掘收获机作业后如果花生含土、含杂率过高，或为了加快晾晒干燥速度，还可通过秧蔓条铺处理机，将铺放于田间的花生植株捡起、清土、铺放晾晒；晾晒至合适含水率时（一般为17%左右），采用牵引式或自走式捡拾联合收获机进行捡拾摘果作业。收获花生荚果的同时，花生秸秆通过捡拾联合收获机上自带的打散装置抛撒于田间，直接还田培肥，或再通过打捆机进行捡拾收集，用作畜牧业饲料。

（5）干燥。美国花生以产地干燥为主，干燥过程已实现机械化。收获后的花生荚果直接在田间装入专用干燥车，并拖运至附近的干燥站进行集中干燥，天气晴好且环境温度较高时，直接通入常温空气进行干燥，环境温度较低或阴雨天气时，以液化气、天然气为燃料，对空气进行加热，再将热空气通入干燥车进行干燥作业，干燥过程需2~3 d。美国花生干燥设备主要由厢式干燥室、热风炉、鼓风机、传感器、控制系统等组成。为保证干燥质量、效率和成本，美国对花生干燥特性、工艺、干燥热源等开展了大量研究。

（6）脱壳。美国花生脱壳研究起步较早，技术较为先进，脱壳作业已实现了机械化和标准化，脱壳装备也已实现了成套化和系列化。其脱壳机多采用多滚筒、变参数作业，以提高适应性和脱壳质量，同时辅助多级旋风分离装置，以提高清洁度，并减少粉尘污染。美国花生脱壳以成套生产线作业为主，根据脱壳后花生的不同用途进行选别，将完好无损伤的花生仁果作为种子，破损的花生仁果用来制作花生酱或其他加工需求。生产线通常可一次性完成花生原料初清、去石、脱壳、破碎荚果清选等，生产率可达 7~9 t/h，在生产线的末端辅以人工选别以进一步剔除破碎花生仁果。为提高脱壳质量，美国还开展了不同脱壳原理及结构形式的研究。

二、国内花生生产机械化技术概况

我国花生生产机械研发始于 20 世纪后期，经过科研人员的持续努力，我国花生耕整地、播种、田间管理、收获、干燥、脱壳等各环节生产机械化技术均取得了长足发展。有大批花生耕整地、播种、田间管理、收获等技术设备已经成熟，在生产上已获得广泛应用；花生干燥、脱壳等产后加工技术装备也已研发出了科研样机或系列化产品。系列技术装备的研发与应用，使我国花生机械化生产技术水平得到显著提高（图 4-1），花生生产各主要环节机械化水平的持续提升为我国花生产业发展发挥了重要支撑作用。

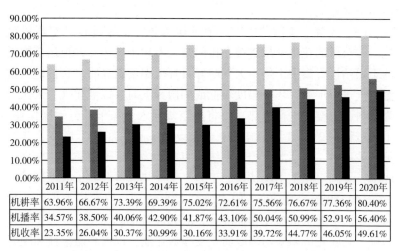

	2011年	2012年	2013年	2014年	2015年	2016年	2017年	2018年	2019年	2020年
机耕率	63.96%	66.67%	73.39%	69.39%	75.02%	72.61%	75.56%	76.67%	77.36%	80.40%
机播率	34.57%	38.50%	40.06%	42.90%	41.87%	43.10%	50.04%	50.99%	52.91%	56.40%
机收率	23.35%	26.04%	30.37%	30.99%	30.16%	33.91%	39.72%	44.77%	46.05%	49.61%

图 4-1　2011—2020 年我国花生机耕、机播、机收率

我国花生耕整地、田间管理机械多为通用机具，已相对成熟，

但播种、收获、干燥、脱壳等环节作业机具均为专用机具，机械性能和作业质量还有待进一步提高。

（1）耕整地。花生生产过程中的耕整地机械多为通用机械，主要包括秸秆粉碎还田机、灭茬机、犁、旋耕机、深松机等，机具种类繁多，基本上可满足花生生产需求。

（2）播种。我国早期的花生播种机为人力或畜力播种机，结构简单、制造成本低、功能单一，仅能完成播种作业，一次可播一行，目前，在小田块或麦套花生生产中仍有应用。20 世纪 80 年代，我国开始研制以拖拉机为配套动力的花生播种机，该类机具能完成开沟、播种、覆土等作业，一般一次可播种 2 行或 4 行。80 年代中后期，我国又研发出了一次性可完成起垄、播种、施肥、喷除草剂、覆膜、覆土等作业，以及一次性可完成起垄、施肥、喷除草剂、覆膜、膜上打孔播种、覆土等作业的多功能花生复式播种机，一般一次可播种 2 行、4 行或 6 行，相关机具已在豫、鲁、冀、辽等花生产区得到广泛应用。

近年来，根据我国麦茬夏花生播种需求，农业农村部南京农业机械化研究所创新研发出了麦茬全量秸秆硬茬地花生免耕播种机，该机可一次性完成碎秸清秸、洁区播种施肥、播后覆秸等作业，有效解决了茬口衔接、挂秸壅堵、架种、晾种等难题，目前，相关技术已在主产区获得推广应用。

（3）田间管理。我国花生生产过程中的田间管理机械多为通用机械。无论是手动、电动、机动植保机械，还是固液肥施撒等设备均基本能满足花生生产需求。我国花生普遍采用漫灌方式进行灌溉作业，少量采用滴灌方式，灌溉设备主要为农用水泵，动力来源主要为拖拉机、柴油机、汽油机以及电力等，可较好地满足花生生产需求。

（4）收获。收获是花生机械化的发展重点和难点。我国花生收获经历了人工收获、简单挖掘、分段收获、联合收获等多个发展阶段。目前，我国花生机械化收获方式主要有一段式收获和两段式收获 2 种。一段式收获是指由一台设备一次性完成挖掘、清土、摘果、清选、集果和秧蔓处理等作业，是当前集成度最高的花生机械化收获技术，目前，国内可实现一段式收获作业的机具主要为半喂入花生联合收获机。两段式收获是指由花生挖掘收获机完成挖掘、清土、铺放作业，晾晒后由人工捡拾归集，利用场地式摘果机完成摘果、清选、集果等作业或者晾晒后直接由捡拾联合收获机完成捡拾、摘果、清选、集果等作业。

根据结构形式不同，花生挖掘收获机主要可分为 3 种：挖掘铲与升运杆组合而成的铲链组合式花生挖掘收获机，挖掘铲与振动筛组合而成的铲筛组合式花生挖掘收获机，以及挖掘铲与夹持输送链（带）组合而成的铲拔组合条铺式花生挖掘收获机。

根据喂入方式不同，花生摘果机主要可分为全喂入式和半喂入式 2 种，全喂入式花生摘果机一般主要用于晾晒后的花生摘果作业，在我国豫、鲁、冀、东北等主产区应用普遍；半喂入式花生摘果机主要用于鲜湿花生摘果作业，适用于我国南方丘陵山区小田块及小区育种摘果作业。

根据动力配置方式不同，花生捡拾联合收获机主要可分为自走式、牵引式和背负式 3 种。背负式花生捡拾联合收获机虽然可提高拖拉机的利用率，机具价格也较低，但是受到与拖拉机配套的限制，操纵不便，作业效率较低，目前已较少使用；牵引式花生捡拾联合收获机虽然也可提高拖拉机的利用率，机具价格也较低，但由于作业时与拖拉机挂接后，机具整体较长，不便于掉头转弯和小田块作业，因此目前应用也相对较少；由于其适应性好、作业效率相对较高等特点，近年来自走式花生捡拾联合收获机在主产区推广应用速度较快，渐已成为我国花生收获机市场的主要机型。

根据底盘配置不同，半喂入花生联合收获机主要可分为轮式半喂入花生联合收获机和履带式半喂入联合收获机 2 种。目前，半喂入花生联合收获技术已经成熟，多款产品已进入了国家农机购置补贴目录，并已在鲁、豫、冀等主产区得到普遍应用。

农业农村部南京农业机械化研究所作为国家花生产业技术体系机械研究室依托单位，近年来，围绕半喂入联合收获技术和捡拾联合收获技术开展了大量研发工作。研发的4HLB-2型半喂入两行花生联合收获机现已成为国内花生收获机械市场的主体和主导产品，连续多年被农业农村部列为"农业主推技术"；研发的4HLB-4型半喂入四行联合收获机整体技术已经成熟，目前已在临沭县东泰机械有限公司实现了小批量生产；研发的八行自走式捡拾联合收获机和四行牵引式捡拾联合收获机整体技术也已成熟，实现了批量化生产与销售，并进入了国家农机购置补贴目录。

（5）干燥。我国虽是花生生产大国，但长期以来，我国花生产地干燥主要依靠人工翻晒自然干燥方法，但该方法的干燥周期长，对天气状况依赖较大。随着花生收获机械化不断推进，花生收获时期日趋集中，晒场资源越显不足，传统晾晒干燥方法已逐渐难以满足花生及时干燥的需求，尤其是半喂入联合收获后的高湿花生荚果难以及时干燥问题尤为突出。目前，国内尚无经济适用、成熟的花生专用干燥设备，为此，我国部分产区只能通过利用兼用型干燥设备对花生进行干燥作业。受花生荚果几何尺寸、外形等生物特性因素限制，可用于花生荚果干燥的设备主要有箱式固定床干燥机、翻板式箱式干燥机等。

近年来，农业农村部南京农业机械化研究所正致力于花生荚果干燥技术装备的研发工作，研制出了5H-1.5A型换向通风干燥机等花生专用型干燥设备，并在豫、赣、苏等地进行了试验和示范，有力促进了我国花生专用干燥技术的发展。

（6）脱壳。脱壳是将花生荚果去掉外壳得到花生仁果的加工工序，是影响花生仁果及其制品品质和商品性的关键作业环节。我国花生脱壳设备虽较多，但多为食用及油用花生的单机脱壳设备，其脱壳部件多为旋转打杆与凹板筛组合式，脱壳以打击揉搓为主，存在破损率高、脱净率低、可靠性和适应性差等问题。目前，我国尚无专用型种用花生脱壳设备，现阶段种用花生脱壳还主要依靠手工剥壳完成，少部分采用油用、食用脱壳设备进行脱壳，之后再进行人工挑选，费工费时。

近年来，农业农村部南京农业机械化研究所正致力于种用花生脱壳技术的攻关与创新，研发出了 6BH-800 型种用花生脱壳机及配套的花生种子带式清选、莢果分级等相关设备，集成创制出了花生种子加工成套技术装备，连续多年在山东、山西等重点龙头企业及种植大户进行了生产性试验和示范，结果表明，该设备的破损率、脱净率等作业性能指标明显优于同类设备。

第二节　花生脱壳设备

根据脱壳原理、结构形式的不同，花生脱壳设备可分为打击揉搓式和磨盘式 2 种，其中以打击揉搓式使用最为广泛。

一、打击揉搓式脱壳机

打击揉搓式花生脱壳机（图 4-2），花生莢果由喂料斗进入脱

图 4-2　打击揉搓式花生脱壳机

壳仓，在脱壳仓内滚筒与凹板筛共同作用下对花生荚果进行挤压、揉搓实现脱壳，脱出的花生仁果与果壳混合物经凹板筛落料至振动筛，下落过程中果壳被凹板筛与振动筛之间的风机吹出，花生仁果、未脱净的花生荚果在振动筛与清选风机的作用下实现分离，仁果由出料口进入料箱进行收集，未脱的荚果经由气力输送管路进入复脱装置，完成整个脱壳过程。

二、磨盘式脱壳机

磨盘式花生脱壳设备主要由进料斗、磨盘、仁壳分离风机、振动筛、机架、电机等组成，脱壳仓是该类花生脱壳设备的关键部件（图4-3）。脱壳仓由上下动静两磨盘组成，上盘为定盘，下盘为动盘，且动盘、静盘间隙可根据不同花生品种进行调节。脱壳时，花生荚果由进料斗进入脱壳仓，动盘在驱动轴的旋转下，带动静盘与动盘之间的花生荚果并与之产生摩擦及挤压作用，同时花生荚果之间也产生相互挤压，在挤压、揉搓、摩擦的共同作用下，花生荚果果壳破裂，仁果脱出，完成脱壳过程，部分该类花生脱壳机为降

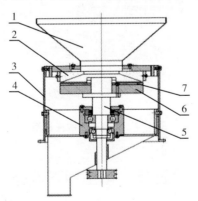

1-进料斗；2-静盘；3-脱壳仓体；4-动盘支承；5-驱动轴；
6-动盘；7-橡胶

图4-3　磨盘式脱壳机脱壳仓示意图

低破损，还在动盘上设置橡胶，以实现对花生荚果的柔性挤压。该类设备外型尺寸大、生产率高、仁果破损率较高，通常在榨油厂或南方某区域花生脱壳使用。

近年来，随着花生生产比较效益的提高，花生规模化种植面积不断扩大，大规模集中脱壳加工企业（个体户或种植大户）日益增加，对高效、大型、高质量的花生脱壳设备，尤其是对种用花生脱壳设备的需求日趋迫切。制造企业应市场需求，在小型脱壳设备基础上改进生产了大型脱壳机组（图4-4）。该类设备具有气力输送、复脱、多级分选功能，可完成花生荚果提升、脱壳、壳仁分离、破碎种子清选、复脱等作业，生产效率为 1~8 t/h，可满足集中规模化加工需求。此外，部分花生脱壳制造企业根据用户需求设计并建成了可一次完成花生初清、去石、脱壳、仁果分级的花生脱壳生产线，可满足油用、食用花生高效加工需求。

图4-4 大型花生脱壳机组

第三节 花生包衣设备

近几年来，国内研发出了多种型号的花生种子包衣设备。大型花生种子加工成套设备（图4-5），集种子筛选、分级、包衣、称重、包装于一体，适用于种子加工企业。目前，适用于农户的有小型立式、小型卧式的种子包衣机。

图4-5 花生种子加工成套设备

农业农村部南京农业机械化研究所研制的5BY-10.0P批次式花生包衣机（图4-6），主要由种子称重计量系统、药剂称重计量输送系统、药剂雾化混合搅拌筒、循环气流系统、动力系统、自动控制系统等组成。具有以下特点：采用触摸屏及PLC控制整个包衣过程，人机界面友好，可根据设定的参数，从进料开始，自动计

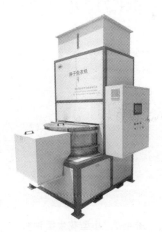

图4-6 5BY-10.0P批次式花生包衣机

量种子及药剂并按设定的比例供给，直到包衣成品排出，自动完成，自动化程度高，配比范围宽；具有定产量、定时间、定批次3种加工模式，具有加工信息管理功能，可以采集并保存导出加工数据，具有配方存储管理功能，提供包衣配方存储与调用，支持配方命名，方便更改或调用配方；整机高度集成，蠕动泵及称重药桶内置，结构紧凑，占用空间小，供药管路短，减少不必要的药剂浪费。搅拌筒、旋转球冠及其他与药剂直接接触部件均采用304不锈钢材料制造，配置可移动大容量不锈钢药箱。

第四节　花生播种设备

目前，花生播种机可同时完成起垄、施肥、播种、喷药、覆膜、覆土等联合作业，基本可满足播种精度、密度和深度要求，在生产中已获良好的应用效果。

一、小型花生播种机

小型单一播种机（图4-7），是一次两行播种，只有播种镇压功能，需要手扶拖拉机牵引。

图4-7　小型花生播种机

二、花生覆膜播种机

2MB-2/4 型花生铺膜播种机（图 4-8），该播种机一次性可实现筑垄、施肥、播种、喷药、铺膜、膜上筑土带等工序。该机型适应膜宽 800~900 mm、播种深度为 30~50 mm、播种行数为 2~4 行，作业效率为 0.33~0.53 hm^2/h；该播种机最显著的特点是能够在膜上建起筑土带，从而避免了人工去破孔放苗，省时省力。但该播种机不适用于降雨量大的地区，雨水长时间冲刷膜上筑土带易造成土壤板结，使花生苗不易自行钻孔。

图 4-8　2MB - 2/4 型花生铺膜播种机

三、花生覆膜打孔播种机

花生覆膜播种机主要由施肥装置、起垄犁、铺膜装置、穴播轮、覆土装置等部分组成（图 4-9）。播种机通过牵引架三点悬挂在拖拉机上，施肥开沟器、起垄犁安装在机架前端，按照花生播种农艺施肥及起垄要求调整位置及深度。地轮通过链传动带动排肥器工作，实现定量施肥。穴播轮采用压板开启式成穴组件，成穴组件径向安装在滚轮体上；采用气吸式取种装置，利用风机负压使排种盘实现精量取种；穴播轮通过支架挂接在机架上，保证穴播轮与地表充分接触，当遇到障碍物时，可随时抬起避免成穴部件损坏。机具作业时，先由起垄犁将两侧的土推向内侧，同时施肥开沟器开出肥沟，施肥装置在地轮的带动下将种肥排入肥沟内，平土板将垄面整平，开沟器按垄宽开出膜边沟，覆膜装置铺膜，并由穴播轮成穴器的压膜轮将地膜压入膜边沟，同时将膜边压紧，成穴部件打穿地膜在土壤上完成破膜、成穴、投种过程，随后由覆土装置完成膜边覆土及苗带覆土的过程。

图4-9　2BQHM-3/6型气吸式花生膜上打孔播种机

四、花生免耕播种机

麦茬全量秸秆覆盖地花生洁区免耕播种机（图4-10），该机为悬挂式，通过前三点悬挂与拖拉机挂接，由主动力输入变速箱实现

图4-10　麦茬全量秸秆覆盖地花生洁区免耕播种机

拖拉机额定转速与机具作业转速的转化，设计有独立的后三点悬挂，便于挂接更换不同作物播种机。整机由主机架、关键作业部件和调节部件构成，关键作业部件有：秸秆粉碎装置、集秸装置、破茬破土装置、花生播种机、秸秆提升装置、均匀抛撒装置；调节部件有：限深压秸轮、越秸滑翘板、可调支撑地辊、秸秆分流可调装置。

前行作业前，拖拉机动力输出轴锁定 720 r/min 额定转速，使秸秆粉碎装置保持 2 000 r/min 的作业转速；调节限深压秸轮，使秸秆粉碎装置内的旋转刀顶端尽可能靠近地面但不打到土；调节可调支撑地辊，使破茬破土装置实现浅旋土下 50～100 mm，满足花生 30～70 mm 的播种深度要求。前行作业时，限深压秸轮滚压作业幅宽外的麦秸秆、越秸滑翘板与之配合，继续压住秸秆，确保整机顺畅越过麦收后抛撒一地的秸秆。同时，秸秆粉碎装置粉碎作业幅宽内地面以上的麦秸秆和留茬，并捡拾至集秸装置，期间，可通过调节秸秆分流可调装置，实现碎秸秆部分留田、部分收集，满足农艺要求。进入集秸装置的碎秸秆经内部横向输送搅龙推送至秸秆提升装置，被提升越过花生播种机。在碎秸秆未落下、地表无秸秆的空档，破茬破土装置反转浅旋，完成播种前苗床整理，随后花生播种机顺畅开沟、施肥、播种、覆土。最后均匀抛撒装置将碎秸秆均匀覆盖于播种后的地面上，完成麦茬全量秸秆覆盖地花生免耕播种作业。

第五节　花生植保设备

目前，市场上花生专用植保机械较少，其田间管理植保环节所用机械以粮食作物使用的机械为主，属通用机械。地块小、劳动力充足的，可选用结构简单、可靠性强的人力背负式喷雾器械；种植面积大、地形平坦的，可选用高地隙自走式植保机械；不宜采用喷杆喷雾机的复杂地形或土壤湿度太大的情况下，需采用植保无人飞机作业。

一、人力背负式喷雾机械

目前，常用的有背负式手动喷雾器、背负式电动喷雾器、背负式机动喷雾喷粉机和担架式喷雾机 4 种人力背负式喷雾机械。优点是结构简单、操作便捷、价格低廉，适应小规模种植经营模式，是花生种植户普遍使用的植保机械，在山东省等花生种植大省应用广泛。缺点是作业效率低、劳动强度大、作业环境恶劣，以及存在人药不分、操作者危险系数大等问题，而且器械性能差、跑冒滴漏严重、漏防漏治概率大、农药利用率低、不适合大面积作业。

二、自走式植保机械

在平坦地形的花生种植大地块，建议优先采用喷杆喷雾机作业，如雷沃 ZP7700H（3WPZ-700H）自走式喷杆喷雾机、永佳 3WSH-1000 水旱两用喷杆喷雾机等（图 4-11），主要考虑种植垄距与喷杆喷雾机轮距是否匹配，保证不轧垄、不伤苗。优点是幅宽多为 10 m 及以上、携药量大、喷杆高度可自由调节、抗风性好、

图 4-11　自走式植保机械

施药质量高、作业受气候影响小和应用范围广等。缺点是采购价格偏高，对地形要求高，不适用小面积地块作业。

三、植保无人机

在不宜采用喷杆喷雾机的复杂地形或土壤湿度太大的情况下，宜使用植保无人飞机作业（图4-12）。应用高效植保无人机进行花生生长期的田间管理，减少了打药机器进地的碾压，喷洒均匀，作业效率显著提高，用药量与人工相当，工作效率相当于人工作业的30倍，大大提高了花生田间管理的作业效率，减轻了工人的劳动强度。

图4-12 植保无人机

无人机植保的优点：一是机身振动小，自主起降，精确定位和高度锁定，喷洒农药等更加精准，喷洒装置有自稳定功能。二是作业地形要求低，不受海拔限制，同时具有图像实时传输、动态实时监控功能。三是可有效地使人与农药分离作业，对人体危害小。无废气，环保，对土地、水源及人畜残留危害很小。四是植保无人机的整体尺寸小、重量轻，运送方便，起飞调校时间短、高效率的作业特点。五是植保无人机高速离心喷头设计，可以控制药液喷洒速度，同时药剂流量可控，可使叶面正反面同时受药。

无人机植保的缺点：一是载重偏小，需频繁地起降更换农药。二是续航时间过短，需要频繁地更换电池。三是需专用航空药剂。如果农药用量把握不当，在喷施过程中会对农作物产生明显的药害。四是对高秆作物的喷洒效果有待进一步提高。五是存在药液漂移问题，很容易飘到旁边的其他作物上产生药害。六是对于一些不规则的地块，还是需要手工作业，重复喷洒和漏喷现象就比较严重。

第六节　花生收获设备

一、花生挖掘机

花生挖掘（收获）机是我国现阶段花生生产中应用较多的收获机械，可一次完成挖掘、清土、铺放等工序，按结构形式不同，可分为铲链组合式、铲筛组合式和铲拔组合式 3 种类型。

1. 铲链组合式花生挖掘机

铲链组合式花生挖掘机主要结构由起土铲、齿杆式升运链（链杆）、振动去土装置、拢禾栅、传动装置、动力输入轴、地轮和悬挂架等组成（图 4-13）。花生起收作业时，起挖铲以一定角度入土，将花生秧主根切断并铲起，花生植株被齿杆升运链向后上方输

图 4-13　4H-1500 型铲链组合式收获机

送，同时齿链升运杆不断地振动，去除花生果柄与根部的土壤；当花生植株被输送至末端时落下，在尾部两组拢禾栅作用下聚拢成条铺放于田间。铲链组合式花生起收机没有严格的对行要求，振动的齿杆链杆间构成的栅隙分离泥土效率高，对花生种植垄距、行距和土壤的适应性强，但花生植株靠拢禾栅收拢与重力下落铺放，直立型花生的有序性较差，影响其在田间的晾晒效果及后续捡拾等作业。

2. 铲筛组合式花生起收机

铲筛组合式花生起收机主要由起土铲、立式切割器、振动驱动组件、振动筛、行走轮、传动装置及机架等部件组成（图4-14）。花生起收作业时，起土铲以一定角度切入土壤浅层将花生主根切断，立式切割器同时切断缠绕的秧蔓；起挖后的花生植株与土壤经碎土栅被输送至振动筛，振动筛与偏心驱振装置铰连，由连杆带动振动筛往复振动，达到边输送边去土的目的；当花生植株被输送至振动筛尾部时，侧尾下倾式结构使花生秧放铺位置离开未收获区域。该机将振动筛进行惯量平衡设计，实现了清土与输送一体化；振动筛尾部的侧倾部分提高了去土效果，同时下滑作用有助于花生植株自然放铺，筛子减少了落果损失。但整体式平铲作业阻力较大，振动筛的振动去土效果与机组振动存在一定矛盾，花生植株条铺有序性不够可靠。

图4-14　4H-800型铲筛组合式收获机

3. 铲拔组合式花生起收机

铲拔组合式花生起收机主要由机架、传动系统、起挖铲、夹持输送装置、振动去土装置、放铺装置和地轮等构成（图4-15）。该机由小型轮式拖拉机进行牵引作业，当机组行进时，最前方的扶秧器将花生秧蔓扶起、导入夹持皮带，起土铲切入花生根部土壤、切断花生主根，铲壁逐渐抬起切开的花生植株与土壤；同时，拖拉机动力经输出轴、传动箱和皮带轮等传动系统带动安装在机架下面的地面呈一定倾角的夹持输送链条，夹住花生植株中部并在向后输送同时逐渐向上提起、离开地面；由偏心机构驱动的去土板横向振动、拍打，去除花生荚果与根部残留的土壤；安装于放铺轮前的合秧器将分别夹持输送来的两垄花生植株集中成一行，在花生植株离开合秧器瞬间，转动的放铺条横向扫动靠近花生荚果的茎秆部位，花生植株在自身重力和横向力综合作用下横倒于地表，形成横向的有序条铺。该机需要对行工作，花生种植垄距、植株高度、直立性等因素影响其作业质量，主要适用于沙土或沙壤土花生起收。

图4-15　4H-2HS型铲拔组合式收获机

二、花生摘果机

花生摘果机是中国目前应用最多的花生收获机械之一。根据结构、原理和摘果部件特点，花生摘果机可分为以下类型：根据喂入方式，花生摘果机分为全喂入式和半喂入式2种形式。其中，全喂入式花生摘果机又分为轴流式和切流式2种；根据摘果滚筒数量，分为单滚筒、双滚筒和多滚筒花生摘果机。

1. 半喂入式花生摘果机

半喂入式花生摘果机（图4-16），主要由刮板式摘果对辊、夹持输送装置、动力装置等构成，通常不带清选装置。其具有结构简单、移动方便且动力消耗小、作业时可保持花生茎秆完整等特点，但因需人工将花生植株有序喂入，摘果效率低，一般可用于小面积的鲜湿花生摘果、小区育种摘果作业，不适于大面积种植的花生和干花生摘果。

图4-16　4HZB-2A型半喂入花生摘果机

对辊摘果装置是由一对转向相反的摘果辊（滚）构成，可分为刮板式、直杆式和弓齿式等。其中刮板式摘果辊的刮板具有一定的径向倾角，是半喂入花生联合收获机重要构成部分，对辊摘果装置对联合收获机性能起到重要作用。

2. 全喂入轴流花生摘果机

全喂入轴流花生摘果机在生产中广泛应用（图4-17），主要由摘果原件（摘果齿）构成的摘果滚筒、凹板筛、振动筛、风机、转动装置和动力装置等构成，花生植株全部径向切流进入摘果间隙后随转动的摘果滚筒做螺旋线运动，使花生荚果与植株分离，完成摘果、清选等，具有结构简单、摘果可靠、作业效率高等特点，且摘果过程中花生植株做螺旋线式运动，摘果过程时间长，因而也适于较湿花生的摘果。

图 4-17　5HZ-4500 型花生摘果机

该类型花生摘果机的滚筒，可根据摘果效率要求设计成不同的直径和长度，以适应不同种植规模的花生摘果效率要求。为使花生植株在摘果过程中产生轴向移动，摘果齿均按螺旋线布置且广泛采用螺杆梳齿式、弓齿式、弯齿式滚筒。清选装置一般由振动筛和气力组合清选方式，气力清选分为横流气吹式和逆流气吸式 2 种，前者一般用于小型摘果机，后者多用于中大型摘果机。

3. 全喂入切流花生摘果机

全喂入切流花生摘果机，即花生植株全部径向进入摘果间隙后随转动的摘果滚筒做切向运动，使花生荚果与植株分离（图 4-18）。其结构与轴流式全喂入花生摘果机主要不同在于：摘果滚筒比较粗短且与凹板筛形成的摘果间隙包角较大；摘果齿不按螺旋线排列，以便花生植株在摘果过程中只做切向运动。该类摘果机具有结构更加紧凑、轴向尺寸小、作业效率高等特点，但因切流摘果过程受摘果间隙包角所限，容易出现摘果不净问题，对摘果喂入量和花生植株含水率适应性较差。因此，单滚筒切流全喂入花生摘果机只适于干花生摘果，一般采用 2 个以上滚筒串联成双滚筒或多滚筒，以提高摘净率。

图 4-18　RL-70 型干湿花生全喂入摘果机

4. 复式花生摘果机

复式花生摘果机属于大型切流全喂入式花生摘果机（图 4-19），其结构特点是采用轴流、切流复合摘果装置，有效提高了摘净率，同时加装一个输送装置（带式或刮板式），将没有摘净且被清出的秸秆、根部等循回到喂料口，进行重新摘果，以提高摘净率。复式摘果主要用于喂入量和湿度适应性较差的切流式全喂入摘果机。

图 4-19　4HZ-950 型全喂入花生摘果机

三、花生联合收获机

半喂入联合收获是由一台设备一次完成挖掘起秧、清土、摘果、果杂分离、果实收集和秧蔓处理等收获作业，是当前集成度最高的花生机械化收获技术，具有作业顺畅性好、荚果破损率低、秧蔓可饲料化利用等优点，但其对花生品种、种植模式及适收期要求较高。花生半喂入联合收获技术已经历了十余年的研究历程，以农业农村部南京农业机械化研究所、青岛农业大学、临沭县东泰机械有限公司、青岛弘盛汽车配件有限公司等为代表的科研院所和生产企业已研制出多款花生半喂入联合收获装备，如图4-20所示，花生联合收获装备多品种发展与多元化竞争格局已初步形成。

（a）4HLB-2型花生联合收获机　　　　（b）4HBL-2型花生联合收获机

图4-20　半喂入花生联合收获机

农业农村部南京农业机械化研究所研发的4HLB-2型半喂入花生联合收获机已成为国内花生收获机械市场的主体和主导产品，根据产业发展需求，又创制出拥有完全自主知识产权和核心技术的世界首台两垄四行半喂入花生联合收获机4HLB-4（图4-21），并与山东临沭东泰机械有限公司合作进行产业化开发，研制出4HD-4型花生联合收获机（图4-22），为我国花生联合收获设备高效化发展提供了技术支撑，进一步引领了半喂入花生收获技术发展。

图 4-21 4HLB-4 型花生联合收获机

图 4-22 4HD-4 型花生联合收获机

半喂入式花生联合收获机作业时，固定在起挖装置前面的分禾与扶禾装置，将作业幅宽内与两侧的花生植株分开并扶起，同时挖掘铲将花生主根铲断并松土，随后植株进入输送链，被拔起并夹持向上后输送；在夹持输送前段底部设有清土装置，以去除植株根部的沙土。植株输送到摘果段时，夹持输送链下部安装的对辊摘果装置将果荚从植株上刷落摘下，花生随后落入刮板输送带升运至振动清选筛上，在振动筛和下吹风机的双重作用下将茎叶和沙土等杂物分离并排出机外。分选出的花生果通过横向输送带送入垂直提升机，升送至集果箱，随后进行装袋作业，脱荚后的花生藤蔓继续被夹持向后输送，而后转接到藤蔓抛送链，抛送链将藤蔓向后抛下落至藤蔓输送带而被排出机后，完成收获作业。

四、花生捡拾收获机

花生捡拾收获机是两段式花生收获机械之一，可完成花生植株的地面捡拾、摘果和清选等环节的花生收获机械。相比联合收获机，捡拾收获机只完成花生收获的后段作业；而相比分段收获机械，其将花生捡拾、集堆、运输、摘果和清选等作业联合起来。同时，较半喂入联合收获具有适应性好、作业效率高，收获后荚果便于暂存与干燥等优点。

在国内，花生捡拾收获机主要分为牵引式和自走式 2 种类型。牵引式小型花生捡拾收获机如图 4-23 所示，采用单滚筒全喂入摘果装置，捡拾工作幅宽为 90~110 cm，一般一次收获 2 行。一般用小四轮拖拉机牵引，同时利用自身动力输出轴驱动工作机械。牵引式小型花生捡拾摘果机具有结构简单、造价低、机组操作方便、机动灵活等优点，普遍应用的小四轮拖拉机作为动力，拖拉机利用率高。

图 4-23　4H-150 型牵引式花生捡拾联合收获机

　　近年来，为满足产区机械化收获多元化需求，国内自走式花生捡拾收获技术得到了快速发展，相关科研院所和主产区一些企业相继研发生产出多款捡拾联合收获装备，部分机具已在主产区进行示范应用。

　　农业农村部南京农业机械化研究所研发的4HLJ-8型自走式花生捡拾联合收获机（图4-24），用发动机功率100~120 kW的轮式自走底盘、弹齿滚筒捡拾装置、多滚筒切流摘果装置、理论工作幅宽为3.2 m，即4铺8行、生产效率可达0.8 hm²/h。潍坊大众机械有限公司研制的5HZL-8型自走式花生捡拾收获机见图4-25。

图4-24　4HLJ-8型自走式花生捡拾联合收获机

图4-25　5HZL-8型自走式花生捡拾收获机

河南德昌机械制造有限公司研发生产的4HJL-2.5C自走式花生捡拾收获机见图4-26，为轮式自走式，采用额定功率100~120 kW发动机，工作幅宽2.5 m，主要用于花生出土晾晒后，在田间一次性完成捡拾、摘果、清选、果装仓、茎蔓切碎、装箱回收一系列收获作业，生产效率可达0.65 hm²/h。郑州中联收获机械有限公司研制生产的中联4HJL-2.5S自走式花生捡拾机如图4-27所示。上述大中型花生捡拾收获机具有动力大、收获幅宽大（一次捡拾收获4~8行）、作业效率高等特点，适于大面积种植花生收获。

图4-26　4HJL-2.5C自走式花生捡拾收获机

图4-27　中联4HJL-2.5S自走式花生捡拾机

第五章 花生病虫草害绿色防控

第一节 花生病害绿色防控

一、花生主要病害

我国花生病害根据发病率由高到低主要有褐斑病、黑斑病、锈病、茎腐病、青枯病、网斑病、白绢病和根腐病。这几种病害危害花生较严重。

二、花生主要病害绿色防控

（一）花生叶部病害绿色防控

花生叶部病害均以危害叶片为主，植株下部叶片首先出现症状，然后向上部蔓延。发病早期，发病部位均产生褐色小点，然后逐渐扩大，形状为圆形或不规则形。褐斑病和黑斑病病斑形态有以下差异：褐斑病病斑较大，病斑周围有黄色晕圈；黑斑病病斑较小，病斑边缘整齐，没有明显晕圈。潮湿环境中，病斑会扩展联合，致使叶片干枯。

花生叶部病害防治措施主要是农业防治和化学防治。

农业防治：一是选用抗病品种，目前我国花生品种对叶部病害仅有中抗水平的高产品种。二是加强土壤耕作及田间栽培管理，清除田间病株，并及时翻耕，将病残体翻入土中，减少田间初侵染源。三是采用轮作以减轻病害发生程度。四是适时播种，合理密植，施足底肥，提高植株抗病能力。

化学防治：可选用 50%多菌灵可湿性粉剂、60%唑醚·代森联、75%甲基托布津可湿性粉剂或 80%代森锰锌喷雾防治。

（二）花生茎腐病绿色防控

花生茎腐病俗称"烂脖子病"，有时也称花生颈腐病是一种暴发性病害，一般年份的病株率为 15%~20%；发病严重年份的病株率高达 60%以上，甚至连片死亡而造成绝产。病菌首先侵染花生子叶，导致子叶变黑腐烂；然后侵染颈基部或地下茎部，使植株逐渐失水出现萎蔫。在土壤潮湿时，病部表面呈黑色软腐，内部组织变褐干腐，颈部干缩。

花生茎腐病防治措施主要是农业防治和化学防治。

农业防治：与小麦、水稻、玉米或甘薯等作物进行合理轮作，避免重茬。

化学防治：一是种子处理，可用 50%多菌灵可湿性粉剂，按种子重量的 0.3%~0.5%进行拌种或按种子量的 0.5%~1.0%配成药液浸种 24 h 后取出进行播种。二是喷雾防治，当植株苗期至初花期发病时，可用 30%苯甲丙环唑乳油或 70%甲基托布津可湿性粉剂喷雾防治。三是灌根防治，对发病重的植株，可用 50%多菌灵可湿性粉剂 500 倍液灌根处理。

（三）花生青枯病绿色防控

花生青枯病又称"青症""死苗""花生瘟"等，是一种细菌性病害，属典型的维管束病害。该病在花生整个生育期均可发生，以盛花期发生最严重。典型症状是花生植株急性凋萎和维管束变色。感病初期通常是主茎顶端叶片首先失水萎蔫，随后叶片从上而下急剧凋萎；3~5 d 后整株枯萎，但仍呈青绿色，故名青枯病。拔起病株可见主根尖端变褐、湿腐，纵切根茎可见维管束变黑褐色，条纹状。发病后期，病株髓部呈湿腐状，挤压切口处，能溢出白色菌脓。

花生青枯病防治措施主要是农业防治和化学防治。

农业防治：一是选用高产、优质、抗病品种，合理轮作。二是加强田间管理，深耕土壤，增施磷、钾肥和有机肥，雨后及时排水，施用石灰降低酸性土壤的酸度，及时拔除病株，带出田间深埋，土壤用石灰消毒。

药剂防治：在发病初期，可喷施72%农用链霉素、20%噻菌铜溶液、20%叶枯唑、春雷霉素、多粘类芽孢杆菌、荧光假单胞杆菌、3%中生菌素、甲霜灵+福美双、甲霜灵+噁霉灵或上述产品的相关复配产品，每隔7~10 d喷1次，连喷2~3次；也可以用14%络氨铜水剂、50%琥胶肥酸铜可湿性粉剂、77%氢氧化铜可湿性粉剂、72%农用链霉素可湿性粉剂进行灌根处理，隔10 d灌1次，连续灌2~3次。在初花期喷施叶面肥或微量元素，促进根系有益微生物活动，也可以抑制病菌发展。

（四）花生白绢病绿色防控

花生白绢病是由齐整小核菌侵染所引起的、发生在花生上的病害。花生各个生育期均可受白绢病菌侵染，主要危害植株茎部、果柄、荚果及根部。花生根、荚果及茎基部受害后，初期呈褐色软腐状，地上部根茎处有白色绢状菌丝，常常在近地面的茎基部和其附近的土壤表面先形成白色绢丝，病部渐变为暗褐色而有光泽，植株茎基部被病斑环割而死亡。

花生青枯病防治措施主要是农业防治和化学防治。

农业防治：一是选用无病种子，用种子重量0.5%的50%多菌灵可湿性粉剂拌种。二是春花生适当晚播，苗期清棵蹲苗，提高抗病力。三是收获后及时清除病残体，深翻土壤。四是与水稻、小麦、玉米等禾本科作物进行3年以上轮作。

化学防治：一是在花生结荚初期喷20%的三唑酮乳油或扑海因防治效果比较好。二是发病初期选可选用丰洽根保或50%扑海因、40%菌核净、50%多菌灵或43%好力克喷雾防治。三是发病后用50%拌种双粉剂1 kg混合细干土15 kg制成药土盖病穴，每穴施用药土75 g。

（五）花生根腐病绿色防控

花生根腐病俗称"鼠尾""烂根"，是一种真菌性病害。在花生各生育期均可发生，主要引起根腐死苗，造成缺株断垄，甚至使植株大部分或全部死亡。花生出苗前染病，可出现烂种不出苗的现象；幼苗期受害，主根变褐，植株枯萎；成株受害，主根根茎出现长条状褐色凹陷病斑，根部腐烂易剥落，无侧根或侧根很少，根部形似鼠尾，从而导致地上部叶片逐渐脱落，最终根系腐烂直至死亡。

花生根腐病防治措施主要是农业防治和化学防治。

农业防治：与小麦、水稻、玉米或甘薯等作物进行轮作，避免重茬。

化学防治：一是播前晒种，择优选种，并用种子重量 0.3% 的 40% 多菌灵可湿性粉剂拌种，也可用高效甲霜灵拌种。二是发现病株后可选用三唑酮、多菌灵等进行防治，每隔 10 d 喷 1 次，连喷 2 次。注意交替使用药剂，以提高防治效果。

第二节　花生虫害绿色防控

连年大面积种植易导致各类害虫反复大量发生，对花生平均产量的提高及品质的提升造成了重大影响。全世界已发现的花生病虫害超过 120 种，其中病害 50 多种，虫害 60 多种。具有经济重要性的病虫害有 10~15 种，导致花生产量损失 5%~100%，并不同程度地影响了花生的品质。

黄淮海地区是我国最重要的花生产区，其中河南、山东花生单产、总产和总面积等均居全国前两名，同时也是花生害虫发生比较严重的区域。花生害虫有：蛴螬、蚜虫、斜纹夜蛾、棉铃虫、金针虫、地老虎、花生新蛛蚧、叶螨、甜菜夜蛾、小造桥虫、叶蝉、蓟马、象甲、芫菁、白粉虱、蝗虫、蟋蟀、蝼蛄等。其中以蛴螬、蚜虫、斜纹夜蛾、甜菜夜蛾、棉铃虫和金针虫等害虫最为常见且危害较大。

一、蛴螬

蛴螬是金龟子或金龟甲的幼虫，俗称鸡嫲虫等。成虫通称为金龟子或金龟甲。危害多种植物和蔬菜。按其食性可分为植食性、粪食性、腐食性三类。其中植食性蛴螬食性广泛，危害多种农作物、经济作物和花卉苗木，喜食刚播种的种子、根、块茎以及幼苗，是世界性的地下害虫，对作物危害很大。蛴螬（图5-1）成虫为金龟甲。金龟甲一生要经过卵、幼虫、蛹、成虫4个不同发育阶段。为害花生的蛴螬主要包括大黑鳃金龟（图5-2）、暗黑鳃金龟（图5-3）和铜绿丽金龟（图5-4）3种。

图 5-1　蛴螬

图 5-2　大黑鳃金龟

图 5-3　暗黑鳃金龟

图 5-4　铜绿丽金龟

1. 形态特征

蛴螬体肥大，较一般虫类大，体型弯曲呈 C 形，多为白色，少数为黄白色。头部褐色，上颚显著，腹部肿胀。体壁较柔软多皱，体表疏生细毛。头大而圆，多为黄褐色，生有左右对称的刚毛，刚毛数量的多少常为分种的特征。如华北大黑鳃金龟的幼虫为 3 对，黄褐丽金龟幼虫为 5 对。蛴螬具胸足 3 对，一般后足较长。腹部 10 节，第 10 节称为臀节，臀节上生有刺毛，其数目的多少和排列方式也是分种的重要特征。

2. 发生规律

成虫交配后 10~15 d 产卵，产在松软湿润的土壤内，以水浇地最多，每头雌虫可产卵 100 粒左右。蛴螬年生代数因种、因地而异。这是一类生活史较长的昆虫，一般 1 年 1 代，或 2~3 年 1 代，长者 5~6 年 1 代。如大黑鳃金龟 2 年 1 代，暗黑鳃金龟、铜绿丽金龟 1 年 1 代。蛴螬共 3 龄，1、2 龄期较短，第 3 龄期最长。

3. 危害特点

在花生幼苗期，成虫咬食茎叶，造成缺苗断垄；在结荚饱果期，幼虫啃食根果，造成花生大片死亡和荚果空壳。蛴螬危害花生，对花生的产量影响大，一般使花生减产 15%~20%，严重的减产 50%~80%，甚至绝收。

4. 防控技术

（1）防治成虫。在成虫发生盛期进行药剂喷杀及人工扑杀，可用 40% 乐果乳剂，或 50% 马拉硫磷，或 50% 辛硫磷，或 90% 敌百虫等药液兑水田间喷雾。

（2）防治幼虫。一是采用毒土法，即用 5% 辛硫磷颗粒剂或 5% 异丙磷颗粒剂，每 667 m^2 约 3 kg，加 15~20 kg 细土，充分拌匀后，撒入播种穴内。二是采用拌种法，即每 667 m^2 用 40 g 吡虫啉悬浮种衣剂（600 g/L），兑水 250 ml，拌种 15 kg；或用 50% 辛硫磷乳剂 50 ml，兑水 400 ml，拌种 25 kg。

（3）其他防治方法。在开花下针期，可用 50% 辛硫磷乳剂

800~1 000倍液逐穴点浇。此外，如轮作特别是水旱轮作，可减轻蛴螬的危害；田边地头种植蓖麻，对诱杀大黑金龟甲成虫也有很好效果。

二、蚜虫

蚜虫，又称腻虫、蜜虫（图5-5），是一类植食性刺吸取食昆虫。已经发现的蚜虫总共有10个科约4 400种，其中多数属于蚜科。蚜虫也是地球上最具破坏性的害虫之一。其中大约有250种属于对农林业和园艺业危害严重的害虫。蚜虫的大小不一，身长1~10 mm不等。蚜虫的天敌有瓢虫、食蚜蝇、寄生蜂、食蚜瘿蚊、蟹蛛、草蛉等。

图5-5　蚜虫

1. 形态特征

蚜虫体长1.5~4.9 mm，多数约2.0 mm。有时被蜡粉，但缺蜡片。触角6节，少数5节，罕见4节，感觉圈圆形，罕见椭圆形，末节端部常长于基部。眼大，多小眼面，常有突出的3小眼面眼瘤。喙末节短钝至长尖。腹部大于头部与胸部之和。前胸与腹部各节常有缘瘤。腹管通常管状，长常大于宽，基部粗，向端部渐细，中部或端部有时膨大，顶端常有缘突，表面光滑或有瓦纹或端部有网纹，罕见生有或少或多的毛，罕见腹管环状或缺。尾片圆锥形、指形、剑形、三角形、五角形、盔形至半月形。尾板末端圆。表皮光滑、有网纹或皱纹或由微刺或颗粒组成的斑纹。体毛尖锐或顶端膨大为头状或扇状。有翅蚜触角通常 6 节，第 3 或 3 及 4 或 3~5 节有次生感觉圈。前翅中脉通常分为 3 支，少数分为 2 支。后翅通常有肘脉 2 支，罕见后翅变小，翅脉退化。翅脉有时镶黑边。身体半透明，大部分是绿色或是白色。

蚜虫分有翅、无翅 2 种类型，体色为黑色。

2. 发生规律

蚜虫一年四季都能发生，但主要发生在春季和秋季，其中又以春季危害最重，当温度在 12 ℃以上时开始繁殖，温度 16~25 ℃、湿度 50%~80% 的环境是蚜虫最适宜的生活环境。一般来说，蚜虫从 3 月回温后开始繁殖并发病，4—5 月和 9—10 月危害最重，夏季高温时会藏匿在田间阴凉处越夏，等到秋季气候变冷后危害程度会逐步降低，直到 11 月时开始越冬，危害基本停止，冬季时蚜虫会以卵或若虫的形态藏匿在地表夹缝以及秸秆、碎石、杂草中进行越冬，等到第 2 年春季温度适宜时再继续繁殖危害，蚜虫一生能繁殖 10~30 代，而且世代叠加累积。此外，蚜虫具有较强的喜嫩喜甜、趋黄趋光的生理特性。

3. 危害特点

早播春花生尚未出苗时，蚜虫就能钻入幼嫩枝芽上取食；出苗后，多在顶端幼嫩心叶背面吸食汁液；始花后，蚜虫多聚集在花萼管和果针上为害，使植株矮小、叶片卷缩，影响花生的开花下针和正常结实。严重时，蚜虫排出大量蜜汁，引起霉菌寄生，使茎叶变黑直至全株枯死。

4. 防控技术

（1）药剂拌种。每 667 m² 用 40% 毒死蜱乳油 10 ml，兑水 1 kg 拌种，花生种子带药出苗后蚜虫迁飞为害时，即可致死，同时还可以兼治蛴螬、金针虫、蓟马等害虫。

（2）喷施药液。在花生苗期、花针期，当蚜虫发生时，可用

40%乐果乳剂1 500倍液，或50%辛硫磷1 500~2 000倍液，或10%吡虫啉可湿性粉剂1 000倍液等喷雾防治。喷药时喷头朝上，喷叶片背面，并注意喷匀。

（3）保护天敌。蚜虫的天敌很多，有瓢虫、草蛉、食蚜蝇和寄生蜂等，对蚜虫有很强的抑制作用。避免在天敌活动高峰时期施药，有条件的可人工饲养和释放蚜虫天敌。

三、斜纹夜蛾

斜纹夜蛾（图5-6）属鳞翅目夜蛾科斜纹夜蛾属的一个物种，是一种农作物害虫，褐色，前翅具许多斑纹，中有一条灰白色宽阔的斜纹。中国除西藏、青海不详外，广泛分布于各地。寄主植物广泛，可危害各种农作物及观赏花木。

斜纹夜蛾主要以幼虫（图5-7）危害农作物，幼虫食性杂且食量大，初孵幼虫在叶背为害，取食叶肉，仅留下表皮；3龄幼虫后造成叶片缺刻、残缺不堪甚至全部吃光，取食花蕾造成缺损，容易暴发成灾。幼虫体色变化很大，主要有3种：淡绿色、黑褐色、土黄色。

图5-6　斜纹夜蛾成虫

图5-7　斜纹夜蛾幼虫

1. 形态特征

幼虫取食甘薯、棉花、芋、莲、田菁、大豆、烟草、甜菜，以及十字花科和茄科蔬菜等近 300 种植物的叶片，间歇性猖獗危害。成虫体长 14~21 mm；翅展 37~42 mm。

成虫前翅灰褐色，内横线和外横线灰白色，呈波浪形，有白色条纹，环状纹不明显，肾状纹前部呈白色，后部呈黑色，环状纹和肾状纹之间有 3 条白线组成明显的较宽的斜纹，自翅基部向外缘还有 1 条白纹。后翅白色，外缘暗褐色。卵半球形，直径约 0.5 mm；卵初产时黄白色，孵化前呈紫黑色，表面有纵横脊纹，数十至上百粒集成卵块，外覆黄白色鳞毛。老熟幼虫体长 38~51 mm，夏秋虫口密度大时体瘦，黑褐或暗褐色；冬春数量少时体肥，淡黄绿或淡灰绿色。蛹长 18~20 mm，长卵形，红褐至黑褐色。腹末具发达的臀棘 1 对。成虫为体形中等略偏小（体长 14~20 mm、翅展 35~40 mm）的暗褐色蛾子，前翅斑纹复杂，其斑纹最大特点是在两条波浪状纹中间有 3 条斜伸的明显白带，故名斜纹夜蛾。幼虫一般 6 龄，老熟幼虫体长近 50 mm，头黑褐色，体色则多变，一般为暗褐色，也有呈土黄、褐绿至黑褐色的，背线呈橙黄色，在亚背线内侧各节有一个近半月形或似三角形的黑斑。

成虫体长 14~20 mm，翅展 35~46 mm，体暗褐色，胸部背面有白色丛毛，前翅灰褐色，花纹多，内横线和外横线白色、呈波浪状、中间有明显的白色斜阔带纹，所以称斜纹夜蛾。卵扁平的半球状，初产黄白色，后变为暗灰色，块状粘合在一起，上覆黄褐色绒毛。幼虫体长 33~50 mm，头部黑褐色，胸部多变，从土黄色到黑绿色都有，体表散生小白点，冬节有近似三角形的半月黑斑 1 对。蛹长 15~20 mm，圆筒形，红褐色，尾部有 1 对短刺。

2. 发生规律

蛹在土中蛹室内越冬，少数以老熟幼虫在土缝、枯叶、杂草中越冬，1 年发生 4~9 代。南方冬季无休眠现象。发育最适温度为 28~30 ℃，不耐低温，长江以北地区大都不能越冬。各地发生期的迹象表明此虫有长距离迁飞的可能。成虫具趋光性和趋化性。卵多产于叶片背面。幼虫共 6 龄，有假死性。4 龄后进入暴食期，猖獗时可吃尽大面积寄主植物叶片，并迁徙他处危害。天敌有小茧蜂、广大腿小蜂、寄生蝇、步行虫，以及鸟类等。

3. 危害特点

以幼虫咬食叶片、花蕾、花及果实，初龄幼虫啮食叶片下表皮及叶肉，仅留上表皮呈透明斑4龄以后进入暴食期，常把叶片和嫩茎吃光，造成严重损失。

4. 防控技术

（1）农业防治。清除杂草，收获后翻耕晒土或灌水，以破坏或恶化其化蛹场所，有助于减少虫源；结合管理摘除卵块和群集危害的初孵幼虫，以减少虫源。

（2）物理诱杀。点灯诱蛾，即利用成虫趋光性，于盛发期点黑光灯诱杀；糖醋诱杀，即利用成虫趋化性配糖醋（糖：醋：酒：水＝3：4：1：2）加少量敌百虫诱杀蛾；也可用柳枝蘸洒500倍液敌百虫诱杀蛾。

（3）药剂防治。交替喷施50%氰戊菊酯乳油4 000~6 000倍液，或2.5%功夫、2.5%天王星乳油4 000~5 000倍液，均匀喷雾2~3次，每次间隔7~10 d。此外，可利用斜纹夜蛾性诱剂诱杀，平均每667 m^{2}设置一个诱捕器。

四、甜菜夜蛾

甜菜夜蛾（图5-8）又名玉米夜蛾、玉米小夜蛾、玉米青虫，属鳞翅目夜蛾科。为杂食性害虫，危害玉米、棉花、甜菜、芝麻、花生、烟草、大豆、白菜、大白菜、番茄、豇豆、葱等170多种植物。

以幼虫（图5-9）危害叶片，初孵幼虫先取食卵壳，后陆续从绒毛中爬出，1~2龄常群集在叶背面危害，取食叶肉，留下表皮，呈窗户纸状。3龄以后的幼虫分散危害，还可取食苞叶，可将叶片吃成缺刻或孔洞，4龄以后开始大量取食，严重发生时可将叶肉吃光，仅残留叶和叶柄脉。3龄以上的幼虫还可钻蛀果穗危害造成烂穗。

图 5-8 甜菜夜蛾成虫

图 5-9 甜菜夜蛾幼虫

1. 形态特征

成虫体长 10～14 mm，翅展 25～30 mm，虫体和前翅灰褐色，前翅外缘线由 1 列黑色三角形小斑组成，肾形纹与环纹均黄褐色。卵圆馒头形，卵粒重叠，形成 1～3 层卵块，有白绒毛覆盖。幼虫体色多变，一般为绿色或暗绿色，气门下线黄白色，两侧有黄白色纵带纹，有时带粉红色，各气门后上方有 1 个显著白色斑纹。腹足4 对。蛹体长 1 cm 左右，黄褐色。

2. 发生规律

在长江流域 1 年发生 5～6 代，少数年份发生 7 代，越往南方其每年发生代数会随之增加，广东地区 1 年可发生 10～11 代。主要以蛹在土壤中越冬，在华南地区无越冬现象，可终年繁殖，危害多种植物。成虫有强趋光性，但趋化性弱，昼伏夜出，白天隐藏于叶片背面、草丛和土缝等阴暗场所，傍晚开始活动，夜间活动最盛。卵多产于叶背，苗株下部叶片上的卵块多于上部叶片。平铺一层或多层重叠，卵块上披有白色鳞毛。每雌可产卵 100～600 粒。卵期 2～6 d。幼虫昼伏夜出，有假死性，稍受惊吓即卷成 "C"状，滚落到地面。幼虫怕强光，多在早、晚危害花生地上部分，阴天可全天为害。虫口密度过大时，幼虫会自相残杀。老熟幼虫入土，吐丝筑室化蛹。长江流域各代幼虫发生危害的时间为：第1代高峰期为5月上旬至6月下旬，第2代高峰期为6月上中旬至7月中旬，第3代高峰期为7月中旬至8月下旬，第4代高峰期为8月上旬至9月中下旬，第5代高峰期为8月下旬至10月中旬，第6代高峰期为9月下旬至11月下旬，第7代发生在11月上中旬，该代为不完全世代。一般情况下，从第3代开始会出现世代重叠现象。山东以第3~5代为害较重，江西南昌6月幼虫发生较多，9月中旬至10月为全年发生高峰。湖南长沙幼虫也以6月发生较多，9月中旬至11月上旬发生最盛。适温（或高温）高湿环境条件有利于甜菜夜蛾的生长发育。一般7—9月是危害盛期，7—8月，降水量少，湿度小，有利其大发生。

3. 危害特点

初孵的幼虫群集于叶片背面，取食作物叶片的叶肉，留下表皮，形成透明的小孔。3龄后分散危害作物，可将叶片吃成孔洞或缺刻，严重时仅剩叶脉和叶柄，造成作物幼苗死亡、缺苗断垄，甚至毁种。幼虫稍受震扰即吐丝落地。7—8月发生频繁，常和斜纹夜蛾混发。

4. 防控技术

（1）农业防治。秋末耕翻土地可消灭部分越冬蛹，春季3—4月除草，可消灭杂草上的低龄幼虫，并结合田间管理，摘除部分作物叶背面的卵块和低龄幼虫团，集中消灭。

（2）物理防治。成虫发生期，用杀虫灯、性诱剂等诱杀成虫，以降低花生生长期幼虫危害。

（3）药剂防治。甜菜夜蛾1~3龄幼虫处于危害高峰期，用20%灭幼脲悬浮剂800倍液或5%氟虫脲分散剂3 000倍液喷雾。甜菜夜蛾幼虫晴天傍晚会向植株上部迁移，因此，应在傍晚喷药防治，注意叶面、叶背均匀喷雾，使药液能直接喷到虫体及其危害部位。

五、棉铃虫

棉铃虫（图5-10、图5-11）属鳞翅目夜蛾科，广泛分布在世界各地，中国棉区和蔬菜种植区均有发生。

图5-10　棉铃虫成虫

图5-11　棉铃虫幼虫

1. 形态特征

成虫：体长15~20 mm，翅展27~38 mm。雌蛾赤褐色，雄蛾灰绿色。前翅翅尖突伸，外缘较直，斑纹模糊不清，中横线由肾形斑下斜至翅后缘，外横线末端达肾形斑正下方，亚缘线锯齿较均匀。后翅灰白色，脉纹褐色明显，沿外缘有黑褐色宽带，宽带中部2个灰白斑不靠外缘。前足胫节外侧有1个端刺。雄性生殖器的阳茎细长，末端内膜上有1个很小的倒刺。

卵：近半球形，底部较平，高0.51~0.55 mm，直径0.44~0.48 mm，顶部微隆起。初产时乳白色或淡绿色，逐渐变为黄色，孵化前紫褐色。卵表面可见纵横纹，其中伸达卵孔的纵棱有11~13条，纵棱有2叉和3叉到达底部，通常26~29条。

幼虫：老熟幼虫一般长40~50 mm。初孵幼虫青灰色，以后体色多变，分4个类型：①体色淡红，背线、亚背线褐色，气门线白色，毛突黑色。②体色黄白，背线、亚背线淡绿，气门线白色，毛突与体色相同。③体色淡绿，背线、亚背线不明显，气门线白色，毛突与体色相同。④体色深绿，背线、亚背线不太明显，气门淡黄色。头部黄色，有褐色网状斑纹。虫体各体节有毛片12个，前胸侧毛组的L1毛和L2毛的连线通过气门，或至少与气门下缘相切。体表密生长而尖的小刺。

蛹：长13.0~23.8 mm，宽4.2~6.5 mm，纺锤形，赤褐至黑褐色，腹末有一对臀刺，刺的基部分开。气门较大，围孔片呈筒状突起较高，腹部第5~7节的背面和腹面的前缘有7~8排较稀疏的半圆形刻点。入土5~15 cm化蛹，外被土茧。

2. 发生规律

棉铃虫全年的发生过程因地而异。5月下旬越冬虫进入羽化盛期，在玉米、谷子、西葫芦、豌豆等作物上产卵。第1代卵、幼虫和成虫发生盛期分别在6月初、6月上中旬和7月上旬，第2代卵、幼虫和成虫的盛发期分别在7月中旬、下旬和8月下旬，第3代卵和幼虫的盛发期分别在8月下旬至9月初、9月中旬。黄河流域4月下旬至5月中旬，当气温升至15 ℃以上时，越冬代成虫羽化，第1代幼虫主要危害小麦、豌豆、苜蓿、春玉米、番茄等作物，6月上、中旬入土化蛹，6月中、下旬第1代成虫盛发，大量迁入棉田产卵；第2代幼虫发生较重，6月底至7月中下旬为第2代幼虫化蛹盛期，7月下旬至8月上旬为第2代成虫盛发期，主要集中于棉花上产卵；第3代幼虫危害盛期在8月上中旬，成虫盛发期在8月下旬至9月上旬，大部分成虫仍在棉花上产卵；9月下旬至10月上旬第4代幼虫老熟，在5~15 cm深的土中筑土室化蛹越冬，多数成虫在秋玉米、向日葵、晚秋蔬菜等寄主上产卵。

成虫：昼伏夜出，晚上活动、觅食和交尾、产卵。成虫有取食补充营养的习性，羽化后吸食花蜜或蚜虫分泌的蜜露。雌成虫有多次交配习性，羽化当晚即可交尾，2~3 d后开始产卵，产卵历期6~8 d。产卵多在黄昏和夜间进行，喜欢产卵于嫩尖、嫩叶等幼嫩部分。卵散产，第1代卵集中产于棉花顶尖和顶部的3片嫩叶上，第2代卵分散产于蕾、花、铃上。单雌产卵量1 000粒左右，最多达 3 000 粒。成虫飞翔力强，对黑光灯，尤其是波长 333 nm 的短光波趋性较强，对萎蔫的杨、柳、刺槐等树枝把散发的气味有趋性。

幼虫：幼虫历期一般为 6 龄。初孵幼虫先吃卵壳，后爬行到心叶或叶片背面栖息，第 2 天集中在生长点或果枝嫩尖处取食嫩叶，但危害痕迹不明显。2 龄幼虫除食害嫩叶外，开始取食幼蕾。3 龄以上的幼虫具有自相残杀的习性。5~6 龄幼虫进入暴食期，每头幼虫一生可取食蕾、花、铃 10 个左右，多者达 18 个。幼虫有转株为害习性，转移时间多在 9 时和 17 时左右。

老熟幼虫在入土化蛹前数小时停止取食，多从棉株上滚落地面。在原落地处 1 m 范围内寻找较为疏松干燥的土壤钻入化蛹，因此，在棉田畦梁处入土化蛹最多。

各虫态历期：卵 3~6 d，幼虫 12~23 d，蛹 10~14 d，成虫寿命 7~12 d。

3. 危害特点

每年发生 5~6 代，第 1 代发生在 5—6 月，第 2 代发生在 6 月上旬至 7 月下旬，也是为害花生的主要世代。初龄棉铃幼虫啃食叶肉，以后各龄常从叶缘取食或将嫩叶咬穿形成缺刻。幼虫特别喜爱取食花蕾，严重为害时可吃掉每天新长出的大部分花蕾，造成大量减产。

4. 防控技术

（1）农业防治。除选择抗虫性强的花生品种外，可在花生田边穿插种植一些春玉米、高粱作为诱集带，引诱成蛾产卵，再集中消灭。

（2）生物防治。根据棉铃虫危害程度，释放姬蜂、茧蜂、赤眼蜂等寄生性天敌，以及瓢虫、草蛉、蜘蛛等捕食性天敌，具有较为显著的控制作用。

（3）物理防治。利用棉铃虫的趋光性，可使用频振式杀虫灯诱杀棉蛾，以 3.33 hm² （50 亩）左右花生田安装 1 盏灯为宜，可明显减轻花生田落卵量。

（4）药剂防治。在第2、3代棉铃虫发生期，当每百穴花生累计卵量20粒或有幼虫3头时，要用4.5%高效氯氰菊酯乳油1 500~2 000倍液，或25%毒死蜱乳油1 500~2 000倍液，或5%卡死克乳油1 000倍液，或含孢子量100亿个/g以上Bt制剂500~800倍液喷雾防治，每代棉铃虫需防治2~3次。

六、金针虫

金针虫（图5-12）是叩甲幼虫的通称，俗称节节虫、铁丝虫，属鞘翅目。叩甲科广布世界各地，危害小麦、玉米和花生等多种农作物以及林木、中药材和牧草等，多以植物的地下部分为食，是一类极为重要的地下害虫，农田常见种类主要有4种：沟金针虫、细胸金针虫、褐纹金针虫、宽背金针虫，其中以沟金针虫的发生、危害最为严重。

图5-12　金针虫

1. 形态特征

沟金针虫末龄幼虫体长20~30 mm，体扁平，黄金色，背部有1条纵沟，尾端分成两叉，各叉内侧有1小齿；沟金针虫成虫体长14~18 mm，深褐色或棕红色，全身密被金黄色细毛，前脚背板向背后呈半球状隆起。

细胸金针虫幼虫末龄幼虫体长 23 mm 左右，圆筒形，尾端尖，淡黄色，背面近前缘两侧各有 1 个圆形斑纹，并有 4 条纵褐色纵纹；成虫体长 8~9 mm，体细长，暗褐色，全身密被灰黄色短毛，并有光泽，前胸背板略带圆形。

2. 发生规律

沟金针虫一般 3 年 1 代，少数 2 年、4~5 年或更长时间才完成 1 代。成虫和幼虫在土中越冬，一般越冬深度 15~40 cm，最深可达 100 cm 左右，越冬成虫 3 月初 10 cm 土温 10 ℃左右时开始出土活动，3 月中旬至 4 月上旬，10 cm 土温在 12~15 ℃时达活动高峰，产卵期从 3 月下旬至 6 月上旬，卵期 31~59 d，平均 42 d，5 月上、中旬为卵孵化盛期，孵化幼虫危害至 6 月底下潜越夏。待 9 月中、下旬秋播开始时，又上升于土表活动，危害至 11 月上、中旬，开始在土壤深层越冬，第 2 年 3 月初，越冬幼虫开始上升活动，3 月下旬至 5 月上旬为害重。随后越夏，秋季活动危害作物，而后越冬，幼虫期长达 1 150 d 左右，直至第 3 年 8—9 月，幼虫才老熟，钻入 15~20 cm 土中作土室化蛹，蛹期 12~20 d，9 月初开始羽化成虫，成虫当年不出土，仍在土室中栖息不动，第四年春才出土交配，产卵成虫寿命 220 d。

成虫昼伏夜出，白天潜伏在麦田成田旁杂草中和土块下，晚上出来交配、产卵。雄虫不取食；雌虫偶尔咬嚼少量麦叶，雄虫善飞，有趋光性，雌虫无后翅，不能飞翔。行动迟缓，只能在地面爬行，卵散产于 3~7 cm 深土中，单雌平均产卵 200 余粒，最多可达 400 粒。

3. 危害特点

金针虫的成虫在地面以上活动时间不长，只能吃一些禾谷类和豆类等作物的嫩叶，危害不那么严重；而其幼虫长期生活在土壤中，可以为害玉米、麦类、甜菜、棉花、豆类及各种蔬菜和林木幼苗等。咬食播下的种子、食害胚乳，使之不能发芽；咬食幼苗须根、主根或茎地下部分，使生长不良甚至枯死，一般受害苗主根很少被咬断，被害部不整齐而呈丝状，这是金针虫危害作物后造成的典型症状。此外，还能蛀入块茎或块根，利于病原菌的侵入而引起腐烂。

4. 防治技术

（1）农业防治。主要方法为合理施肥、精耕细作、翻土、合理间作或套种、轮作倒茬。耕作方式应适宜，不能使用未处理的生粪肥，适时灌溉对地下害虫的活动规律可起到暂时缓解的作用。土壤含水量对主要地下害虫种群数量的影响不明显。

（2）生物防治

①植物性农药。利用一些植物的杀虫活性物质防治金针虫。如油桐叶、蓖麻叶的水浸液，以乌药、马醉木、苦皮藤、臭椿等的茎、根磨成粉后防治地下害虫效果较好。

②昆虫病原微生物。昆虫病原微生物具有寄主广泛、毒性高、致死速度快、使用安全等特点，对一些化学药剂难以防治的钻蛀、隐蔽性害虫及土壤害虫具有特殊的防效，应用前景极为广泛。寄生金针虫的真菌种类主要有白僵菌和绿僵菌。

（3）物理防治。金针虫对新枯萎的杂草有极强的趋性，可采用堆草诱杀。另外，羊粪对金针虫具有趋避作用。

（4）化学防治。金针虫在土壤中活动深度变化较大。药剂施入土中很难发挥理想的杀虫作用，并易造成环境污染，危及食品安全，因而药剂的筛选及施药方法是化学防治的关键。化学农药常用于土壤处理、药剂拌种、根部灌药、撒施毒土、地面施药、植株喷粉、撒施毒饵、涂抹茎干等来防治地下害虫。一些药剂试验中，辛硫磷最为常用，效果也较明显，还有二嗪农、敌百虫、速灭杀丁、毒死蜱、氟氯菊酯等。通过防治试验和对金针虫活动习性的系统观察，明确金针虫的发生时期，选择合适的关键时期进行防治，效果最好。

第三节　花生草害绿色防控

杂草绿色防控是指采取农业防治、物理防除、生物防治、生态防控及科学用药等技术和方法，将杂草危害损失控制在经济允许水平以下，以实现花生绿色、高效生产的目的。

一、农业防治

农业措施是指通过农事操作、栽培方式等手段营造不利于杂草萌发、生长、繁殖的田间环境，降低杂草发生、危害。农业防治是杂草绿色防控的重要组成部分，恰当的农业防治可有效降低化学除草剂的使用，是花生绿色生产的基础。例如，深翻土壤，可将土壤表层中的种子翻入 20 cm 土层下，可有效降低大部分农田杂草种子萌发、出芽；合理轮作倒茬，花生与水田作物轮作可改变杂草群落，降低田间杂草种群密度，对于部分在花生田难于防除的恶性杂草，可以利用轮作换茬的方式在倒茬作物期选用合适的除草剂对其防除，有效降低恶性杂草数量；覆盖地膜，覆盖地膜是我国北方花生重要的栽培手段，黑色地膜可有效降低膜下杂草发生，透明地膜虽不能降低杂草萌发、出芽，但仍可对膜下杂草生长有一定的抑制；田间覆盖，可以将作物秸秆、麦糠等覆盖于花生田，不但可抑制杂草发生，还能利于田间保水，利于花生生长。

二、物理防治

主要指通过人工对杂草进行拔除，或利用机械进行中耕除草，物理除草曾是我国农田杂草防除的基本方法。中耕除草，不但可以防除已出土的杂草，还可一定程度抑制中耕土层下杂草萌发，改善土壤结构，防旱抗涝，利于根系发育和根瘤菌活动，利于花生生长。但无法对株间杂草进行有效防除。另外，火焰除草作为一种较为特殊的物理除草方式，目前在我国应用较少，火焰除草是指通过可燃气体燃烧产生高温火焰进行除草，是国外有机农产品（如玉米、洋葱、果园等）生产常用除草方法，此种除草方法也可用于有机花生生产。

三、生物防治

指利用植物致病生物（真菌、细菌及病毒等）、天敌昆虫、化感作用等方式控制杂草的防除方法。例如针对花生田恶性杂草空心莲子草，已分离出多种对该杂草有防除效果的假隔链格孢、链格孢菌，但尚未在田间应用。利用天敌昆虫莲草直胸跳甲防除空心莲子草的技术在国外已较为成熟，引进中国后在部分南方地区取得了初步成功，这可为南方花生产区空心莲子草的防除提供参考。

四、化学防治

指通过喷施、涂抹化学农药（除草剂）使杂草死亡的防除方法，化学除草因其高效、便捷、成本低等优势成为我国花生田除草的主要方式。根据施药方式不同可分为苗前土壤处理、苗后茎叶处理。我国花生田全生育期除草通常需要进行 1 次土壤处理，1~2 次茎叶处理。常用土壤处理除草剂有：50% 乙草胺乳油 100~160 ml/667 m^2，防除禾本科杂草及大部分小粒阔叶杂草，过量应用、高温高湿环境下应用易致花生产生药害；960 g/L 精异丙甲草胺乳油 45~60 ml/667 m^2，杀草谱与乙草胺类似，安全性较乙草胺高；450 g/L 二甲戊灵微囊悬浮剂 110~150 ml/667 m^2，杀草谱与乙草胺、精异丙甲草胺类似，但对反枝苋、马齿苋等阔叶杂草除草活性较上述两种药剂更高；48% 仲丁灵乳油 225~300 ml/667 m^2，杀草谱与二甲戊灵类似，对花生安全性高，但用量大；40% 扑草净可湿性粉剂 125~188 g/667 m^2，防除阔叶杂草及部分禾本科杂草，安全性欠佳，有机质含量低、气温过高易致花生产生药害；240 g/L 乙氧氟草醚乳油 40~60 ml/667 m^2，对阔叶杂草的防效优于禾本科杂草；250 g/L 噁草酮乳油 115~192 ml/667 m^2，杀草谱宽，可防除多种阔叶杂草及部分禾本科杂草；50%丙炔氟草胺可湿性粉剂 $4 \sim 8$ g/667 m²，防除多种阔叶杂草，对禾本科杂草抑制作用明显，该药剂活性高，用量低，降雨、积水等因素易导致花生产生药害。常用的防除禾本科杂草的茎叶处理除草剂有：5%精喹禾灵乳油 $50 \sim 80$ ml/667 m²、108 g/L 高效氟吡甲禾灵乳油 $20 \sim 30$ ml/667 m²、15%精吡氟禾草灵 $50 \sim 67$ ml/667 m²、20%烯禾啶乳油 $66.5 \sim 100$ ml/667 m² 等。常用的防除阔叶杂草的茎叶处理除草剂有：10%乙羧氟草醚乳油 $20 \sim 30$ ml/667 m²、250 g/L 氟磺胺草醚水剂 $40 \sim 50$ ml/667 m²、240 g/L 乳氟禾草灵 $15 \sim 30$ ml/667 m²、480 g/L 灭草松水剂 $150 \sim 200$ ml/667 m²。另外，花生田专用高效茎叶处理除草剂 240 g/L 甲咪唑烟酸水剂，田间推荐剂量 $20 \sim 30$ ml/667 m²，防除禾本科及阔叶杂草，对香附子高效，施用后花生会出现矮化、黄化症状，土壤残留时间较长，对下茬黄瓜、菜心、辣椒、豆角等蔬菜不安全。

在实际生产中，对于禾本科、阔叶及莎草科等杂草混生的田块，常采用杀草谱互补的 2 种或 3 种除草剂复配，达到扩大杀草谱，提高防除效果的目的。土壤处理可使用扑草净（或乙氧氟草醚、噁草酮）与乙草胺（或精异丙甲草胺、二甲戊灵）混配，茎叶处理可以使用精喹禾灵（或高效氟吡甲禾灵、精吡氟禾草灵）与乙羧氟草醚（或氟磺胺草醚），对于香附子较多的田块，可以使用精喹禾灵、灭草松与甲咪唑烟酸三元混配进行茎叶喷洒。另外，市场上可见涂布除草剂（如乙草胺、扑草净）的除草地膜，也可用于花生田除草，省去了膜下除草剂喷施，简化了农事操作。

附录　花生优质高效生产技术标准

本书收录花生优质高效生产相关技术标准 15 项，其中国家标准 1 项，行业标准 10 项，地方标准 4 项。列表如下：

序号	标准号	标准名称	发布日期 （年．月．日）	实施日期 （年．月．日）
1	GB/T 1532—2008	花生	2008. 11. 04	2009. 01. 20
2	NY/T 2397—2013	高油花生生产技术规程	2013. 09. 10	2014. 01. 01
3	NY/T 3160—2017	黄淮海地区麦后花生免耕覆秸精播技术规程	2017. 12. 22	2018. 06. 01
4	NY/T 2398—2013	夏直播花生生产技术规程	2013. 09. 10	2014. 01. 01
5	NY/T 2404—2013	花生单粒精播高产栽培技术规程	2013. 09. 10	2014. 01. 01
6	NY/T 3661—2020	花生全程机械化生产技术规范	2020. 07. 27	2020. 11. 01
7	NY/T 2394—2013	花生主要病害防治技术规程	2013. 09. 10	2014. 01. 01
8	NY/T 2393　2013	花生主要虫害防治技术规程	2013. 09. 10	2014. 01. 01
9	NY/T 2395—2013	花生田主要杂草防治技术规程	2013. 09. 10	2014. 01. 01

（续表）

序号	标准号	标准名称	发布日期 （年．月．日）	实施日期 （年．月．日）
10	NY/T 2390—2013	花生干燥与贮藏技术规程	2013. 09. 10	2014. 01. 01
11	NY/T 2403—2013	旱薄地花生高产栽培技术规程	2013. 09. 10	2014. 01. 01
12	DB21/T 2496—2015	花生储藏技术规程	2015. 07. 06	2015. 09. 06
13	DB3713/T 112—2017	旱薄地花生丰产栽培技术规程	2017. 12. 29	2018. 01. 29
14	DB3713/T 113—2017	丘陵旱地花生高产栽培技术规程	2017. 12. 29	2018. 01. 29
15	DB37/T 4139—2020	花生水肥一体化滴灌高产栽培技术规程	2020. 09. 25	2020. 10. 25

附录一　国家标准

花　生

1　范围

本标准规定了花生的术语和定义、分类、质量要求和卫生要求、检验方法、检验规则、标签和标识以及对包装、储存和运输的要求。

本标准适用于加工、储存、运输、贸易的商品花生，不包括经过熟化处理的花生。

2　规范性引用文件

下列文件中的条款通过本标准的引用而成为本标准的条款。凡是注日期的引用文件，其随后所有的修改单（不包括勘误的内容）或修订版均不适用于本标准，然而，鼓励根据本标准达成协议的各方研究 是否可使用这些文件的最新版本。凡是不注日期的引用文件，其最新版本适用于本标准。

GB/T 5490　粮食、油料及植物油脂检验　一般规则

GB 5491　粮食、油料检验　扦样、分样法

GB/T 5492　粮油检验　粮食、油料的色泽、气味、口味鉴定

GB/T 5494　粮油检验　粮食、油料的杂质、不完善粒检验

GB/T 5497　粮食、油料检验　水分测定法

GB/T 5499　粮油检验　带壳油料纯仁率检验方法

GB 7718　预包装食品标签通则

GB/T 8946　塑料编织袋

GB 19641　植物油料卫生标准

LS/T 3801　粮食包装　麻袋

3　术语和定义

下列术语和定义适用于本标准。

3.1 花生仁 peanut kernel

花生果去掉果壳的果实。

3.2 纯仁率 pure kernel yield

净花生果脱壳后籽仁的质量（其中不完善粒折半计算）占试样的质量分数。

3.3 净花生仁 peeled peanut kernel

花生仁去掉果皮后的果实。

3.4 纯质率 pure rate

净花生仁质量（其中不完善粒折半计算）占试样的质量分数。

3.5 不完善粒 unsound kernel

受到损伤但尚有使用价值的花生颗粒，包括虫蚀粒、病斑粒、生芽粒、破碎粒、未熟粒、其他损伤粒几种。

3.5.1 虫蚀粒 injured kernel

被虫蛀蚀，伤及胚的颗粒。

3.5.2 病斑粒 spotted kernel

表面带有病斑并伤及胚的颗粒。

3.5.3 生芽粒 sprouted kernel

芽或幼根突破种皮的颗粒。

3.5.4 破碎粒 broken kernel

籽仁破损达到其体积五分之一及以上的颗粒，包括花生破碎的单片子叶。

3.5.5 未熟粒 shrivelled pods/kernel

籽仁皱缩，体积小于本批正常完善粒二分之一，或质量小于本批完善粒平均粒重二分之一的颗粒。

3.5.6 其他损伤粒 damaged kernel

其他伤及胚的颗粒。

3.6 杂质 impurity

花生果或花生仁以外的物质，包括泥土、砂石、砖瓦块等无机物质和花生果壳、无使用价值的花生仁及其他有机物质。

3.7 色泽、气味 colour and odour

一批花生固有的综合色泽、气味。

3.8 整半粒花生仁 whole half peanut kernel

花生仁被分成的两片完整的胚瓣。

3.9 整半粒限度 total whole half peanut kernel content

整半粒花生仁占试样的质量分数。

4 分类

花生分为花生果和花生仁。

5 质量要求和卫生要求

5.1 质量要求

5.1.1 花生果质量要求见表1。其中纯仁率为定等指标。

表1 花生果质量指标

等级	纯仁率/%	杂质/%	水分/%	色泽、气味
1	≥71.0			
2	≥69.0			
3	≥67.0	≤1.5	≤10.0	正常
4	≥65.0			
5	≥63.0			
等外	<63.0			

5.1.2 花生仁质量指标见表2。其中纯质率为定等指标。

表2　花生仁质量指标

等级	纯质率/%	杂质/%	水分/%	整半粒限度/%	色泽、气味
1	≥96.0				
2	≥94.0				
3	≥92.0	≤1.0	≤9.0	<10	正常
4	≥90.0				
5	≥88.0				
等外	<88.0			—	

注："—"为不要求。

5.2　卫生要求

按 GB 19641 和国家有关标准、规定执行。

6　检验方法

6.1　扦样、分样：按 GB 5491 执行。

6.2　色泽、气味检验：按 GB/T 5492 执行。

6.3　杂质、不完善粒检验：按 GB/T 5494 执行。

6.4　水分检验：按 GB/T 5497 执行。

6.5　纯仁率检验：按 GB/T 5499 执行。

6.6　纯质率检验：按 GB/T 5494 执行。

6.7　整半粒限度检验：按本标准的附录 A 执行。

7　检验规则

7.1　检验一般规则按 GB/T 5490 执行。

7.2　检验批为同种类、同产地、同收获年度、同运输单元、同储存单元的花生。

7.3　判定规则：花生果以纯仁率定等，花生仁以纯质率定等。纯仁率或纯质率应符合表1和表2中相应等级的要求，其他指标作为限制性指标，按照国家有关规定执行。当其他项目符合要求，而花生果纯仁率和花生仁纯质率低于五等时，判定为等外级。

8　标签和标识

8.1　花生仁的预销售包装标签按 GB 7718 执行。

8.2　非零售的花生果或花生仁应在包装或货位登记卡、贸易随行文件中标明产品名称、质量等级、收获年度、产地。

9　包装、储存和运输

9.1　包装

包装物应密实牢固，不应产生撒漏，不应对花生造成污染。使用麻袋包装时，应符合 LS/T 3801 的规定。使用塑料编织袋包装时，应符合 GB/T 8946 的规定。

9.2　储存

应分类分级储存于阴凉干燥处。不得与有毒有害物质混存。

9.3　运输

运输工具应清洁，运输过程中应防止日晒、雨淋、受潮、污染和标签脱落。不得与有腐蚀性、有毒、有异味的物品混运。

附录 A

（规范性附录）

整半粒限度的测定

A.1　仪器

A.1.1　天平：分度值 0.1 g。

A.1.2　分析盘。

A.1.3　表面皿、镊子等。

A.2　操作方法

称花生仁平均样品 200 g（m），精确至 0.1 g，挑取整半粒花生仁并称量其质量（m_1）。

A.3　结果计算

试样中整半粒限度按式（A.1）计算：

$$X = m_1/m \times 100 \qquad\qquad (A.1)$$

式中：

X——试样中整半粒限度,%;

m_1——整半粒花生仁质量，单位为克（g）;

m——试样质量，单位为克（g）。

双试验结果允许差不超过 1.0%，取其平均数，即为检验结果。检验结果取小数点后一位。

附录二　行业标准

一、高油花生生产技术规程

1　范围

本标准规定了高油花生生产产地环境要求和管理措施。

本标准适用于高油花生的生产。

2　规范性引用文件

下列文件对于本文件的应用是必不可少的。凡是注日期的引用文件，仅注日期的版本适用于本文件。凡是不注日期的引用文件，其最新版本（包括所有的修改单）适用于本文件。

GB 4285　农药安全使用标准

GB 5084　农田灌溉水质标准

GB/T 8321（所有部分）　农药合理使用准则

NY/T 496　肥料合理使用准则　通则

NY/T 855　花生产地环境技术条件

3　产地环境

选用轻壤或沙壤土，土层深厚、地势平坦、排灌方便的中等以上肥力地块。产地环境符合 NY/T 855 的要求。

4　整地与施肥

4.1　整地

冬前耕地，早春顶凌耙耢；或早春化冻后耕地，随耕随耙耢。耕地深度一般年份 25 cm，深耕年份 30~33 cm，每 3~4 年进行 1 次深耕。平原地在花生播种前挖好排水沟，或播种时留出排水沟的位置，雨季到来之前挖好。

4.2　施肥

肥料使用符合 NY/T 496 的要求。高油花生施肥应重施有机肥和氮肥，重施基肥，有条件的宜施用包膜缓控释肥。氮（N）、磷

（P_2O_5）、钾（K_2O）、钙（CaO）配比为2.5:1:2:2。将全部有机肥和2/3的化肥结合耕地施入，剩余1/3的化肥在播种时施在垄内，做到全层施肥。根据土壤养分丰缺情况，适当增施硫、硼、锌、铁、钼等微量元素肥料。不同产量水平施肥量如下。

4.2.1 产量水平为每667 m^2 300 kg以下的地块，每667 m^2 施优质腐熟鸡粪或养分含量相当的其他有机肥1 000~1 500 kg，化肥施用量：氮（N）8~10 kg、磷（P_2O_5）3~4 kg、钾（K_2O）6~8 kg、钙（CaO）6~8 kg。

4.2.2 产量水平为每667 m^2 300~400 kg的地块，每667 m^2 施优质腐熟鸡粪或养分含量相当的其他有机肥1 500~2 000 kg，化肥施用量：氮（N）10~12 kg、磷（P_2O_5）4~5 kg、钾（K_2O）8~10 kg、钙（CaO）8~10 kg。

4.2.3 产量水平为每667 m^2 400~500 kg的地块，每667 m^2 施优质腐熟鸡粪或养分含量相当的其他有机肥2 000~2 500 kg，化肥施用量：氮（N）12~14 kg、磷（P_2O_5）5~6 kg、钾（K_2O）10~12 kg、钙（CaO）10~12 kg。

5 品种选择

选用含油量高（≥53%）、产量潜力大和综合抗性好的品种，并通过省或国家审（鉴、认）定或登记。

6 种子处理

6.1 剥壳与选种

播种前10 d内剥壳，剥壳前晒种2~3 d。选用大而饱满的籽仁作种子。

6.2 拌种

6.2.1 用浓度为0.02%~0.05%的硼酸或硼砂水溶液，浸泡种子3~5 h，捞出晾干种皮后播种。

6.2.2 用种子重量0.2%~0.4%的钼酸铵或钼酸钠，制成浓度为0.4%~0.6%的溶液，用喷雾器直接喷到种子上，边喷边拌匀，晾干种皮后播种。

6.2.3　根据土传病害和地下害虫发生情况选择符合 GB 4285 及 GB/T 8321 要求的药剂拌种或进行种子包衣。

7　播种

7.1　播期

大花生宜在 5 cm 日平均地温稳定在 15 ℃以上、小花生稳定在 12 ℃以上时播种。

7.2　土壤墒情

播种时土壤相对含水量以 65%~70%为宜。

7.3　种植规格

7.3.1　北方产区

7.3.1.1　双粒穴播时，垄距 85~90 cm，垄面宽 50~55 cm，平原地垄高 10~12 cm、旱薄地 8~10 cm，每垄 2 行，垄上行距 30~35 cm，穴距 16~18 cm，每 667 m² 播 8 000~10 000 穴，每穴播 2 粒种子。

7.3.1.2　单粒精播时，垄距 85~90 cm，垄面宽 50~55 cm，垄高 4~5 cm。垄上播 2 行花生，垄上行距 30~35 cm，大花生穴距 11~12 cm，每穴播 1 粒种子，每 667 m² 播 13 000~14 000 穴；小花生穴距 10~11 cm，每穴播 1 粒种子，每 667 m² 播 14 000~15 000 穴。

7.3.2　南方产区

畦宽 120~200 cm（沟宽 30 cm），畦面宽 90~170 cm，播 3~6 行，每 667 m² 播 9 000~10 000 穴，每穴 2 粒种子。

7.4　覆膜

选用农艺性能优良的花生联合播种机，将花生播种、起垄、喷洒除草剂、覆膜、膜上压土等工序一次完成。除草剂使用应符合 GB 4285 及 GB/T 8321 的要求，采用除草地膜的，可省去喷施除草剂的工序。选用宽度 90 cm、厚度 0.004~0.006 mm、透明度 ≥ 80%、展铺性好的常规聚乙烯地膜。

8　田间管理

8.1　撤土引苗

花生出苗时，及时将膜上的土撤到垄沟内。连续缺穴的地方要及时补种。4 叶期至开花前及时理出地膜下面的侧枝。

8.2　水分管理

花针期和结荚期遇旱应及时适量浇水，饱果期（收获前 1 个月）遇旱应小水润浇，灌溉水质应符合 GB 5084 的要求。结荚后如果雨水较多，应及时排水防涝。出现严重涝灾时及时破膜散墒。

8.3　病虫害防治

施用农药按 GB 4285 和 GB/T 8321 的规定执行。

8.4　适时化控

花生主茎高度北方达到 30~35 cm、南方达到 35~40 cm 时，及时喷施符合 GB 4285 和 GB/T 8321 要求的生长调节剂，施药后 10~15 d，如果主茎高度超过 40 cm 可再喷施 1 次。

8.5　叶面施肥

生育中后期每 667 m² 叶面喷施 2%~3% 的尿素水溶液或 0.2%~0.3% 的磷酸二氢钾水溶液 40 kg，连喷 2 次，间隔 7~10 d，也可喷施经农业农村部或省级部门登记的其他叶面肥料。

9　收获与晾晒

当 70% 以上荚果果壳硬化、网纹清晰、果壳内壁呈青褐色斑块时，及时收获、晾晒，尽快将荚果含水量降到 10% 以下。

10　清除残膜

覆膜花生收获后及时清除田间残膜。

二、黄淮海地区麦后花生免耕覆秸精播技术规程

1　范围

本标准规定了麦后花生免耕覆秸精播技术的术语和定义、基础条件、播前准备、播种时间、播种、田间管理、收获。

本标准适用于黄淮海地区小麦—花生一年两作区花生生产。

2　规范性引用文件

下列文件对于本文件的应用是必不可少的。凡是注日期的引用文件，仅注日期的版本适用于本文件。凡是不注日期的引用文件，其最新版本（包括所有的修改单）适用于本文件。

GB 4285　农药安全使用标准

GB 4407.2　经济作物种子　第2部分：油料类

GB 5084　农田灌溉水质标准

GB/T 8321（所有部分）　农药合理使用准则

NY/T 496　肥料合理使用准则　通则

NY/T 855　花生产地环境技术条件

3　术语和定义

下列术语和定义适用于本文。

3.1　黄淮海地区

河北省中南部（包活石家庄市、衡水市、邢台市、邯郸市）、山东省平度以西、河南省、江苏苏北和安徽淮北地区。

3.2　免耕覆秸

冬小麦（以下简称小麦）收获以后不耕翻、深松土壤直接播种花生，播种时将粉碎的小麦秸秆均匀地覆盖在地表。

3.3　精播

播种机能够实现单粒播种，株距合格率>95%。

4 基础条件

4.1 产地环境

宜选择地势平坦、排灌方便的中等肥力以上地块。产地环境符合 NY/T 855 的要求。

4.2 积温条件

小麦收获后至下季小麦播种前活动积温达到 2 800 ℃ 以上，≥15 ℃ 有效积温 1 100 ℃ 以上。

4.3 播种机械

配备能够一次性完成清理麦秸、开沟、施肥、播种、覆土镇压、喷除草剂和覆盖秸秆等工序的花生免耕覆秸精量播种机。

5 播前准备

5.1 品种选择

应选择产量高、综合抗性好的花生品种，夏播生育期在 110 d 以内。花生种子质量应符合 GB 4407.2 的要求。

5.2 种子处理

5.2.1 选种

剥壳后剔除破损、虫蛀、发芽、霉变的籽仁。按籽仁大小分为一、二、三级，一、二级作种用，分别包装。

5.2.2 拌种或包衣

根据土传病害和地下害虫发生情况，选择药剂拌种或进行种子包衣。所用拌种药剂或包衣剂应符合 GB 4285 及 GB/T 8321 的要求。

5.3 造墒

小麦生育后期土壤含水量较低时，在收获前 7~10 d 适量浇水，确保花生适墒播种。

5.4 小麦收获

小麦成熟后及时收获，留茬高度不宜超过 15 cm，麦秸应粉碎，均匀地抛撒在地面。

6 播种时间

播种时间宜在 6 月 15 日以前。

7　播种

7.1　机械播种

小麦收获后选用麦后花生免耕覆秸精量播种机抢时播种。播种深度 3~4 cm，播种后应保持秸秆覆盖均匀。

7.2　播种密度

每 667 m^2 单粒播种 16 000~21 000穴，行距 35~40 cm，穴距 8~12 cm。

7.3　施种肥

花生播种时每 667 m^2 施用 N 5~6 kg、P_2O_5 6~8 kg、K_2O 2~3 kg 作种肥，肥料宜施于行间，勿使种子直接接触肥料，施肥深度 8~10 cm。肥料使用应符合 NY/T 496 的要求。

7.4　喷施除草剂

播种同时应喷施芽前除草剂，除草剂使用应符合 GB 4285 和 GB/T 8321 的要求。

8　田间管理

8.1　浇水

播种墒情不足的地块，应及时浇水补墒。始花期、结荚至饱果期遇旱浇水，结荚至饱果期遇旱宜早上或傍晚适量浇水。灌溉水质应符合 GB 5084 的要求。

8.2　杂草防除

花生出苗后及时中耕或喷施芽后除草剂，防除麦苗和杂草。除草剂应符合 GB 4285 和 GB/T 8321 的要求。

8.3　排水防涝

生育期间注意排水防涝，防止渍害影响根系发育和引发烂果。

8.4　追肥

始花期，随浇水或降雨每 667 m^2 追施 N 3 kg、CaO 1~6 kg。始花后 30~35 d，每 667 m^2 叶面喷施 0.2%~0.3%的磷酸二氢钾水溶液 30~40 kg，每隔 10~15 d 喷施 1 次，连喷 2~3 次。

8.5 生长调控

高肥水田块，植株高度达到 30 cm 且有旺长趋势，叶面喷施植物生长调节剂。所用植物生长调节剂应符合 GB 4285 和 GB/T 8321 的要求。

8.6 病虫害防治

8.6.1 叶部病害防治

花生始花后 30~35 d，每 667 m² 叶面喷施杀菌剂水溶液 30 kg。如：每 667 m² 用 300 g/L 苯甲·丙环唑乳油 25~30 ml 或 325 g/L 苯甲·嘧菌酯悬浮剂 20 ml 或 60% 唑醚·代森联 60 g，于 15：00 以后喷施，每隔 10~15 d 喷施 1 次，连喷 2~3 次。

8.6.2 虫害防治

根据当地虫害发生情况及时施用农药防治，施用农药应符合 GB 4285 和 GB/T 8321 的要求。

9 收获

适时收获，及时晾晒干燥，使荚果含水量降至 10% 以下，籽仁含水量降至 7% 以下。

三、夏直播花生生产技术规程

1 范围

本标准规定了夏直播花生生产产地环境要求和管理措施。

本标准适用于小麦、油菜、大蒜等茬口的夏直播花生生产。

2 规范性引用文件

下列文件对于本文件的应用是必不可少的。凡是注日期的引用文件，仅注日期的版本适用于本文件。凡是不注日期的引用文件，其最新版本（包括所有的修改单）适用于本文件。

GB 4285 农药安全使用标准

GB 5084 农田灌溉水质标准

GB/T 8321（所有部分） 农药合理使用准则

NY/T 496 肥料合理使用准则 通则

NY/T 855 花生产地环境技术条件

3 产地环境

选用轻壤或沙壤土，土层深厚、地势平坦、排灌方便的中等以上肥力地块。产地环境符合 NY/T 855 的要求。

4 气候条件

花生生长期达到 115 d 以上，活动积温达到 2 800~3 000 ℃的地区，可露地直播栽培；生长期为 110~115 d，积温在 2 500~2 700 ℃的地区，应采用地膜覆盖栽培。

5 前茬预施花生肥

肥料施用应符合 NY/T 496 的要求。

夏直播花生应重视前茬施肥，在前茬作物（小麦、油菜等）常规基肥用量的基础上，加施花生茬的全部有机肥和 1/3 的化肥。花生施肥量为每 667 m^2 施优质腐熟鸡粪或养分含量相当的其他有机肥 1 000~1 500 kg，化肥施用量：氮（N）3~4 kg、磷（P_2O_5）2~3 kg、钾（K_2O）3~4 kg。

6　种子处理

6.1　品种选择

选用中熟或中早熟、增产潜力大和综合抗性好的品种，并通过省或国家审（鉴、认）定或登记。

6.2　剥壳与选种

播种前 10 d 内剥壳，剥壳前晒种 2~3 d。选用大而饱满的籽仁作种子。

6.3　拌种

6.3.1　用浓度为 0.02%~0.05% 的硼酸或硼砂水溶液，浸泡种子3~5 h，捞出晾干种皮后播种。

6.3.2　用种子重量 0.2%~0.4% 的钼酸铵或钼酸钠，制成 0.4%~0.6% 的溶液，用喷雾器直接喷到种子上，边喷边拌匀，晾干种皮后播种。

6.3.3　根据土传病害和地下害虫发生情况选择符合 GB 4285 及 GB/T 8321 要求的药剂拌种或进行种子包衣。

7　播种

7.1　造墒

前茬作物收获后期应浇水造墒，以确保花生足墒播种；前茬作物收获后，如果墒情适宜，可直接播种或整地灭茬播种，如果墒情不足，要先造墒再播种。

7.2　施足基肥、精细整地

在前茬预施肥的基础上，花生播种整地前，根据目标产量的要求每 667 m² 再施氮（N）6~8 kg、磷（P_2O_5）4~6 kg、钾（K_2O）6~8 kg、钙（CaO）6~8 kg。有条件的氮肥宜施用包膜缓控释肥。适当增施硫、硼、锌、铁、钼等微量元素肥料。施肥后需要灭茬的先浅耕灭茬，然后再用旋耕犁旋打 1~2 遍；不需要灭茬的直接旋耕、松土、掩肥。做到地平、土细、肥匀、墒足。

7.3　抢时早播、合理密植

夏直播花生应抢时早播、越早越好。露地直播花生可在前茬作物收获后免耕播种，花生出苗至始花期再追施。夏直播花生种植密度为每 667 m² 播 10 000~11 000 穴，每穴 2 粒。

7.4　机械播种覆膜

选用农艺性能优良的花生联合播种机，将花生播种、起垄、喷洒除草剂、覆膜、膜上压土等工序一次完成，以做到抢时早播。除草剂使用应符合 GB 4285 及 GB/T 8321 的要求，采用除草地膜的，可省去喷施除草剂的工序。选用常规聚乙烯地膜，宽度 90 cm 左右，厚度 0.004~0.006 mm，透明度 ≥ 80%，展铺性好。

8　田间管理

8.1　撒土引苗

花生出苗时，及时将膜上的土撒到垄沟内。连续缺穴的地方要及时补种。4 叶期至开花前及时理出地膜下面的侧枝。

8.2　水分管理

夏直播花生对干旱十分敏感，特别是花针期和结荚期，花生叶片中午前后出现萎蔫时，及时适量浇水，灌溉水质须符合 GB 5084 的要求。饱果期（收获前 1 个月）遇旱小水润浇。结荚后如果雨水较多及时排水防涝。出现严重涝灾时及时破膜散墒。

8.3　中耕与除草

8.3.1　中耕

抢时免耕直播的花生，花生出苗至始花期要进行中耕灭茬除草，中耕后在花生植株两侧开沟追肥，追肥后覆土浇水。

8.3.2　除草

施用除草剂按照 GB 4285 和 GB/T 8321 的规定执行。

8.4　病虫害防治

施用农药按 GB 4285 和 GB/T 8321 的规定执行。

8.5　适时化控

结荚初期当主茎高度达到 30~35 cm 时，及时喷施符合 GB 4285 和 GB/T 8321 要求的生长调节剂，施药后 10~15 d 如果主茎高度超过 40 cm 可再喷施 1 次。

8.6 叶面施肥

生育中后期每 667 m² 叶面喷施 2%～3% 的尿素水溶液或 0.2%～0.3%的磷酸二氢钾水溶液 40 kg，连喷 2 次，间隔 7～10 d。也可喷施经农业农村部或省级部门登记的其他叶面肥料。

9 适时晚收

夏直播花生应延迟到 10 月上中旬收获。收获后及时晾晒，尽快将荚果含水量降到 10%以下。

10 清除残膜

覆膜花生收获后及时清除田间残膜。

四、花生单粒精播高产栽培技术规程

1　范围

本标准规定了花生单粒精播生产产地环境要求和管理措施。

本标准适用于花生单粒精播生产。

2　规范性引用文件

下列文件对于本文件的应用是必不可少的。凡是注日期的引用文件，仅注日期的版本适用于本文件。凡是不注日期的引用文件，其最新版本（包括所有的修改单）适用于本文件。

GB 4285　农药安全使用标准

GB 5084　农田灌溉水质标准

GB/T 8321（所有部分）农药合理使用准则

NY/T 496　肥料合理使用准则　通则

NY/T 855　花生产地环境技术条件

3　地块选择

宜选用地势平坦、土层深厚、土壤肥力中等以上、排灌方便的地块。产地环境应符合 NY/T 855 的要求。

4　整地与施肥

4.1　整地

宜冬前耕地，早春顶凌耙耢，或早春化冻后耕地，随耕随耙耢。耕地深度一般年份为 25 cm，深耕年份为 30~33 cm，每隔 2 年进行 1 次深耕。结合耕地施足基肥，具体施肥种类和数量见 4.2。精细整地，做到耙平、土细、肥匀、不板结。

4.2　施肥

4.2.1　施肥数量

肥料施用应符合 NY/T 496 的要求。每 667 m^2 施腐熟鸡粪 800~1 000 kg 或养分总量相当的其他有机肥，化肥施用量：氮（N）10~12 kg、磷（P_2O_5）6~8 kg、钾（K_2O）10~12 kg、钙（CaO）10~12 kg。适当施用硼、钼、锌、铁等微量元素肥料。

4.2.2　施肥方法

将氮肥总量的 50%~60% 改用缓控释肥，全部有机肥和 2/3 的化肥结合耕地施入，剩余 1/3 的化肥结合播种集中施用。

5　品种选择

选用单株生产力高、增产潜力大、综合抗性好的中晚熟品种，并通过省或国家审（鉴、认）定或登记。

6　种子处理

6.1　精选种子

播种前 10 d 内剥壳，剥壳前晒种 2~3 d。选用大而饱满的籽仁作种子，发芽率在 95% 以上。

6.2　药剂处理

根据土传病害和地下害虫发生情况选择符合 GB 4285 及 GB/T 8321 要求的药剂拌种或进行种子包衣。

7　播种与覆膜

7.1　播期

7.1.1　大花生宜在 5 cm 日平均地温稳定在 15 ℃ 以上、小花生稳定在 12 ℃ 以上时播种。

7.1.2　北方春花生适宜在 4 月下旬至 5 月上旬播种，麦套花生在麦收前 10~15 d 套种，夏直播花生抢时早播。南方春秋两熟区，春花生宜在 2 月中旬至 3 月中旬、秋花生宜在立秋至处暑播种。长江流域春夏花生交作区宜在 3 月下旬至 4 月下旬播种。

7.2　土壤墒情

播种时土壤相对含水量以 65%~70% 为宜。

7.3　种植规格

7.3.1　北方产区，垄距 85~90 cm，垄面宽 50~55 cm，垄高 8~10 cm，每垄 2 行，垄上行距 30~35 cm，大花生穴距 11~12 cm，每穴播 1 粒种子，每 667 m² 播 13 000~14 000 穴；小花生穴距 10~11 cm，每穴播 1 粒种子，每 667 m² 播 14 000~15 000 穴。

7.3.2　南方产区，畦宽 120~200 cm（沟宽 30 cm），畦面宽 90~

170 cm，播 3~6 行，穴距 13~16 cm，每 667 m^2 播 13 000~15 000 穴，每穴播 1 粒种子。

7.4 地膜选用

选用宽度 90 cm 左右、厚度 0.004~0.006 mm、透明度 ≥80%、展铺性好的常规聚乙烯地膜。

7.5 机械播种

选用农艺性能优良的花生联合播种机，将播种、起垄、喷洒除草剂、覆膜、膜上压土等工序一次完成。要求播种深度 2~3 cm，膜上筑土高度 5 cm。

8 田间管理

8.1 撤土引苗

当花生出苗时，及时将膜上的覆土撤到垄沟内。连续缺穴的地方要及时补种。4 叶期至开花前及时理出地膜下面的侧枝。

8.2 水分管理

生长期间干旱较为严重时及时浇水，灌溉水质符合 GB 5084 的要求。花针期和结荚期遇旱，中午叶片萎蔫且傍晚难以恢复，应及时适量浇水。饱果期（收获前 1 个月）遇旱应小水润浇。结荚后如果雨水较多，应及时排水防涝。

8.3 病虫害防治

施用农药按 GB 4285 和 GB/T 8321 的规定执行。

8.4 防止徒长

花生主茎高度北方达到 30~35 cm，南方达到 35~40 cm 时，及时喷施符合 GB 4285 和 GB/T 8321 要求的生长调节剂。施药后 10~15 d，如果主茎高度超过 40 cm 可再喷施 1 次。

8.5 追施叶面肥

生育中后期植株有早衰现象的，每 667 m^2 叶面喷施 2%~3% 的尿素水溶液或 0.2%~0.3% 的磷酸二氢钾水溶液 40~50 kg，连喷 2 次，间隔 7~10 d。也可喷施经农业农村部或省级部门登记的其他叶面肥料。

9　收获与晾晒

当70%以上荚果果壳硬化、网纹清晰、果壳内壁呈青褐色斑块时，及时收获、晾晒，尽快将荚果含水量降到10%以下。

10　清除残膜

收获后及时清除田间残膜。

五、花生全程机械化生产技术规范

1　范围

本标准规定了花生机械化生产中的基本要求、耕整地、播种、田间管理、收获、干燥作业环节的技术要求。

本标准适用于黄淮海产区的花生机械化生产作业。

注：黄淮海产区包括北京、天津、山东的全部，河南、河北的大部，以及江苏和安徽北部。

2　规范性引用文件

下列文件对于本文件的应用是必不可少的。凡是注日期的引用文件，仅注日期的版本适用于本文件。凡是不注日期的引用文件，其最新版本（包括所有的修改单）适用于本文件。

GB 4407.2　经济作物种子　第2部分：油料类

NY/T 496　肥料合理使用准则　通则

NY/T 499　旋耕机　作业质量

NY/T 500　秸秆粉碎还田机　作业质量

NY/T 502　花生收获机　作业质量

NY/T 503　单粒(精密)播种机　作业质量

NY/T 650　喷雾机（器）　作业质量

NY/T 742　铧式犁　作业质量

NY/T 987　铺膜穴播机　作业质量

NY/T 1276　农药安全使用规范　总则

NY/T 2845　深松机　作业质量

3　基本要求

3.1　机具

3.1.1　机具配备应综合当地自然条件、农艺要求、生产规模、机具特点、作业效率等生产因素，配套功能齐全、性能可靠、先进适用的全程机械化生产装备。

3.1.2　宜按照绿色生产发展要求，配套前茬秸秆还田、免膜播种、单粒精播、高效植保、水肥一体化等机械设备。

3.1.3 所选拖拉机功率、轮距、机具作业幅宽应与地块大小、种植模式匹配。

3.1.4 优先选用复式联合作业机械；不具备复式联合作业条件的，可选用单项作业方式和相应机械。

3.1.5 机具在作业前，应按照使用说明书要求调整至工作状态；安全性能应符合相关标准要求。

3.1.6 操作人员应经过培训掌握操作技术，按照机具使用说明书要求进行操作。

3.2 种子

3.2.1 应选择通过国家或省级审（认）定的、抗逆性强的、适宜机械化作业的优质高产品种。夏花生应选择早熟或中早熟型品种。

3.2.2 种子应精选、分级，种子质量应符合 GB 4407.2 的要求。单粒精播种子发芽率应不低于 95%。

3.2.3 种子宜进行包衣处理；未包衣的种子，播种前应根据当地病虫害发生情况，有针对性地选择防治药剂进行拌种处理。

3.3 地块

3.3.1 作业地块宜选择地势平坦或缓坡状地块，集中连片，排灌良好，适宜机械化作业。土壤应符合花生栽培要求，宜选择土层深厚、土壤肥沃、通透性好的沙土或沙壤土。

3.3.2 花生地块宜与粮食作物轮作换茬，实行粮油一年两作或两年三作，不宜重茬连作。

3.3.3 在前茬作物收获后，宜将秸秆粉碎还田。秸秆还田作业质量应符合 NY/T 500 的要求。

4 耕整地

4.1 耕整地应根据当地种植模式、农艺要求、土壤条件和地表残茬及秸秆覆盖状况等因素，选择作业方式和时间。

4.2 春花生在上茬作物收获后，地表残茬多的地块宜犁耕，残茬少的地块可深松。犁耕、深松作业应在冬季前进行，作业深度不低于 25 cm，作业质量分别符合 NY/T 742、NY/T 2845 的要求。播前应精细整地，土壤疏松细碎、平整沉实。

4.3　夏花生在上茬作物桔秆处理后，宜旋耕 2 遍，作业深度应大于 15 cm，作业后土层疏松、地表平整、土壤细碎。作业质量应符合 NY/T499 的要求。

4.4　底肥应随耕整地作业深施。肥料宜以农家肥为主、化肥为辅。农家肥每 667 m^2 施 1 000~1 500 kg，化肥根据测土配方要求，每 667 m^2 施花生专用肥 50~75 kg，施肥应在耕整地前均匀撒施地表，随耕整地施入土壤中。肥料使用应符合 NY/T 496 的要求。

5　播种

5.1　根据品种特性、自然条件、栽培模式等因素，合理确定播期、播深和播种密度。

5.2　春花生适宜播期为地表下 5 cm 处连续 5 d 地温 12 ℃以上，大花生及高油酸花生应提高 3~6 ℃。夏花生在前茬作物收获后及时播种。

5.3　播种时，宜足墒播种。墒情不足时，春花生应先造墒后整地播种，夏花生应先整地播种后造墒。

5.4　花生种植模式分为垄作和平作。宜采用一垄两行种植模式。垄距 75~80 cm，垄高 10~12 cm，垄面宽 50~55 cm，垄上行距 25~28 cm，易发生涝害的地区增加垄高到 15~20 cm。

5.5　花生宜采用双粒穴播，春花生每 667 m^2 播 8 500~9 500 穴，夏花生每 667 m^2 播 10 000~11 000 穴。单粒精播春花生每 667 m^2 播 14 000~15 000 粒，夏花生每 667 m^2 播 15 000~17 000 粒。

5.6　播种深度 3~5 cm，膜下播种取小值，免膜播种或膜上播种取大值。播行膜上覆土 1~2 cm，播后镇压。

5.7　播种时，应同步施种肥和喷施除草剂。施肥量一般每 667 m^2 施种肥 10~15 kg，施肥深度 10~15 cm，种肥间距不低于 10 cm，宜侧深施肥。除草剂喷施量按使用说明书确定，应均匀喷施，避免漏喷。

5.8 穴播作业质量应符合 NY/T 987 的要求。单粒精播作业质量应符合 NY/T 503 的要求。

6 田间管理

6.1 排灌

在花针期和结荚期，应根据土壤墒情采用喷灌、滴灌等高效节水灌溉技术和装备适时灌溉。花生生长中后期，雨水较多、田间积水时，应及时排水，防涝避免烂果。

6.2 追肥

饱果期对长势弱的花生田，要及时补充养分。追肥可采用水肥一体化设备，也可选用喷雾机械叶面喷施。

6.3 植保

6.3.1 在花生生长各阶段根据病虫害发生规律及突发疫情，选用适宜的药剂及用量进行防治作业。

6.3.2 花生盛花到结荚期，株高超过 35 cm 且日生长量超过 1.5 cm 时，应用化控剂进行叶面喷施 1~2 遍，将株高控制在 50 cm 以内。

6.3.3 施药应均匀喷洒，不漏喷、不重喷、低飘移。

6.3.4 宜选用喷杆喷雾机、无人植保机等高效植保机械。花生植保作业应符合 NY/T 650、NY/T 1276 的要求。

7 收获

7.1 根据当地土壤地块条件、经济条件和种植模式，选择适宜的机械化收获方式和装备。

7.1.1 沙土、壤土平坦地块，宜采用联合收获方式，一次性完成花生挖掘、输送、抖土、摘果、清选、集果等作业。

7.1.2 丘陵坡地宜采用分段收获方式，选用花生挖掘机械作业，人工捡拾，机械摘果。

7.1.3 缺乏晾晒场地的地区，先用花生挖掘机械收获晾晒后，采用捡拾联合收获方式，一次完成捡拾、摘果、清选、集秧、集果等作业。

7.2 花生收获作业质量应符合 NY/T 502 的要求。

7.3 花生收获后的秧蔓应及时处理。采用联合收获的花生秧蔓，在田间晾晒至含水率 15%~18%时，应捡拾回收。分段收获的花生秧蔓，晾晒摘果后秧蔓可直接回收。

8 干燥

花生收获后，宜采用热风干燥设备进行降水，避免霉变。当荚果水分≤10%时，应放入仓储设施存放。

六、花生主要病害防治技术规程

1 范围

本标准规定了花生主要病害防治的原则、措施及推荐使用药剂的技术要求。

本标准适用于我国花生产区主要病害防治。

2 规范性引用文件

下列文件对于本文件的应用是必不可少的。凡是注日期的引用文件，仅注日期的版本适用于本文件。凡是不注日期的引用文件，其最新版本（包括所有的修改单）适用于本文件。

GB 4285 农药安全使用标准

GB/T 8321（所有部分）农药合理使用准则

3 推荐使用药剂的说明

本标准推荐的杀菌剂是经我国农药管理部门登记允许在花生上使用的，不得使用国家禁止在花生上使用和未登记的农药。推荐药剂含量、剂型及使用浓度参照《农药登记公告》和当地用药实际情况。当新的有效农药出现或者新的管理规定出台时，以最新的规定为准。

4 主要病害防治原则

以农业防治和物理防治为基础，提倡生物防治，根据花生病害发生规律，科学安全地使用化学防治技术，最大限度地减轻农药对生态环境的破坏，将病害造成的损失控制在经济受害允许水平之内。

5 主要病害种类

本规程中花生主要病害包括：花生叶斑病、花生网斑病、花生锈病、花生茎腐病、花生根腐病、花生根结线虫病、花生立枯病和花生病毒病等。

6 主要病害防治技术

6.1 种植抗、耐病品种

不同地区根据当地主要病害种类选择抗病性好的当地适宜花生

品种。

6.2　农业防治

6.2.1　合理轮作

花生与甘薯、玉米、小麦、棉花等非豆科作物实行 1～2 年轮作，对于发病较重的地块进行 2～3 年轮作。

6.2.2　清除病残体

花生收获后，及时清除田间病株、病叶，以减少翌年病害初侵染源。

6.2.3　耕翻土地

花生收获后，土壤耕翻深度增加至 25～30 cm。

6.2.4　采用其他合理栽培技术

适期播种、地膜覆盖、改平作为垄作、平衡施肥等技术措施可促进花生植株健壮生长，提高抗病能力，减轻病害发生程度。

6.3　药剂防治

药剂防治所用农药应符合 GB 4285 和 GB/T 8321 的规定，严格掌握使用浓度或剂量、使用次数、施药方法和安全间隔期。

6.3.1　花生叶斑病

花生叶斑病发病率达 5%～7%时，选用百菌清、代森锰锌、甲基硫菌灵、戊唑醇、联苯三唑醇、硫黄·多菌灵和唑醚·代森联等药剂进行喷雾，每 10 d 喷 1 次，连喷 2～3 次。不同药剂交替使用效果好于使用单一药剂。

6.3.2　花生网斑病

花生网斑病的病情指数达 3%～5%时，选用多·锰锌可湿性粉剂进行喷雾，每 10 d 左右 1 次，连喷 2～3 次。

6.3.3　花生锈病

在锈病发生初期和出现中心病株时开始防治，选用百菌清和福美·拌种灵药剂进行喷雾，每 10 d 喷 1 次，连喷 3～4 次。

6.3.4　花生茎腐病

用甲拌·多菌灵悬浮种衣剂进行种子包衣。

6.3.5　花生根腐病

用咯菌腈悬浮种衣剂、精甲霜灵种子处理乳剂、噻虫·咯·霜灵悬浮种衣剂、甲拌·多菌灵悬浮种衣剂、多·福·毒死蜱悬浮种衣剂和辛硫·福美双种子处理微囊悬浮剂进行种子包衣。

6.3.6　花生根结线虫病

用克百威、丁硫·毒死蜱、灭线磷颗粒剂在花生播种时进行沟施。

6.3.7　花生立枯病

用克百·多菌灵和福·克悬浮种衣剂进行种子包衣。

6.3.8　花生病毒病

蚜虫是花生病毒病的主要传播媒介，防治蚜虫是防止病毒病大规模爆发的重要措施。

6.3.8.1　拌种

用甲·克悬浮种衣剂和克百·多菌灵悬浮种衣剂进行种子包衣，对苗期蚜虫防治作用明显，且有利于保护天敌。

6.3.8.2　叶面喷施

当田间蚜墩率达到 20%~30%，一墩蚜量达 30 头时，为施药期，用溴氰菊酯喷雾防治。

七、花生主要虫害防治技术规程

1　范围

本标准规定了花生主要虫害防治的原则、措施及推荐使用药剂的技术要求。

本标准适用于我国花生产区主要虫害防治。

2　规范性引用文件

下列文件对于本文件的应用是必不可少的。凡是注日期的引用文件，仅注日期的版本适用于本文件。凡是不注日期的引用文件，其最新版本（包括所有的修改单）适用于本文件。

GB 4285　农药安全使用标准

GB/T 8321（所有部分）　农药合理使用准则

3　推荐使用药剂的说明

本标准推荐的杀虫剂是经我国农药管理部门登记允许在花生上使用的，不得使用国家禁止在花生上使用和未登记的农药。推荐药剂含量、剂型及使用浓度参照《农药登记公告》和当地用药实际情况。当新的有效农药出现或者新的管理规定出台时，以最新的规定为准。

4　主要虫害防治原则

以农业防治和物理防治为基础，提倡生物防治，根据花生害虫发生规律，科学安全地使用化学防治技术，最大限度地减轻农药对生态环境的破坏，将虫害造成的损失控制在经济受害允许水平之内。

5　主要花生害虫种类

本标准中花生主要害虫包括：蛴螬、地老虎、金针虫、蝼蛄、蚜虫、棉铃虫、斜纹夜蛾和花生叶螨等。

6　主要害虫防治技术

6.1　蛴螬

6.1.1　农业防治

轮作倒茬，深中耕除草；有条件地区，扩大水旱轮作和水浇地面积；结合农事操作拣拾蛴螬；施用腐熟的有机肥；及时清除田间杂草；合理施肥，不施未经腐熟的有机肥。

6.1.2 物理防治

利用成虫的趋光性，在成虫羽化期选用黑光灯或黑绿双管灯对其进行诱杀，灯管安放时下端距地面 1.2 m，安放密度为每 3.5 hm² 1 架灯，生育期间安放黑光灯的时间依各地害虫活动的时间而定。或在金龟子发生时期，用性引诱物诱杀，每 60~80 m 设置一个诱捕器，诱捕器应挂在通风处，田间使用高度为 2~2.2 m。

6.1.3 生物防治

在生产中保护和利用天敌控制蛴螬，如捕食类的步行甲、蟾蜍等；寄生类的日本土蜂、白毛长腹土蜂、弧丽钩土蜂和福鳃钩土蜂等寄生蜂类。应用球孢白僵菌在花生播种时拌毒土撒施于土壤。

6.1.4 药剂防治

6.1.4.1 种子包衣

在花生播种前，用吡虫啉悬浮种衣剂、甲·克悬浮种衣剂、噻虫·咯·霜灵悬浮种衣剂、甲拌·多菌灵悬浮种衣剂、多·福·毒死蜱悬浮种衣剂和辛硫·福美双种子处理微囊悬浮剂进行种子包衣。

6.1.4.2 拌种

在花生播种前，用氟腈·毒死蜱悬浮种衣剂、辛硫磷微囊悬浮剂和毒死蜱微囊悬浮剂进行拌种。

6.1.4.3 沟施或毒土盖种

在花生播种时，用辛硫磷颗粒剂和毒死蜱颗粒剂进行沟施，或用辛硫·甲拌磷拌毒土盖种。

6.1.4.4 灌根或撒施

在幼虫发生期，在花生墩周围撒施辛硫磷颗粒剂和毒死蜱颗粒剂，或用毒·辛乳油、毒死蜱微囊悬浮剂和辛硫磷微囊悬浮剂灌根。

6.2　地老虎

6.2.1　农业防治

清除田间及周围杂草，可消灭大量卵和幼虫；实行水旱轮作消灭地下害虫，在地老虎发生后及时进行灌水防治效果明显。

6.2.2　物理防治

6.2.2.1　糖醋酒液诱杀

利用糖醋酒液诱杀地老虎成虫。糖 6 份、醋 3 份、白酒 1 份、水 10 份、90% 敌百虫 1 份调匀，在成虫发生期设置，诱杀效果较好。

6.2.2.2　鲜草诱杀

选择地老虎喜食的灰菜、刺儿菜、苦荬菜、小旋花、苜蓿、艾蒿、青蒿、白茅、鹅儿草等柔嫩多汁的鲜草，每 25~40 kg 鲜草拌 90% 敌百虫 250 g 加水 0.5 kg，于傍晚撒于田间诱杀成虫。

6.2.2.3　灯光诱杀

利用成虫的趋光性，用黑光灯等进行诱杀。

6.2.3　药剂防治

6.2.3.1　种子包衣

在花生播种前，用甲·克悬浮种衣剂和克百·多菌灵悬浮种衣剂进行种子包衣。

6.2.3.2　灌根或撒施

在幼虫发生期，在花生墩周围撒施辛硫磷颗粒剂和毒死蜱颗粒剂，或用毒·辛乳油灌根。

6.3　金针虫

6.3.1　农业防治

秋末耕翻土壤，实行精耕细作；与棉花、芝麻、油菜、麻类等直根系作物轮作，有条件的地区，实行水旱轮作。

6.3.2　药剂防治

6.3.2.1　种子包衣

在花生播种前，用甲·克悬浮种衣剂和克百·多菌灵悬浮种衣剂进行种子包衣。

6.3.2.2 灌根或撒施

在幼虫发生期，在花生墩周围撒施辛硫磷颗粒剂和毒死蜱颗粒剂，或用毒·辛乳油灌根。

6.4 蝼蛄

6.4.1 农业防治

春、秋耕翻土壤，实行精耕细作；有条件的地区实行水旱轮作；施用厩肥、堆肥等有机肥料要充分腐熟，施入较深土壤内。

6.4.2 物理防治

6.4.2.1 灯光诱杀成虫

根据蝼蛄具有趋光性强的习性，在成虫盛发期，选晴朗无风闷热的夜晚，在田间地头设置黑光灯诱杀成虫。

6.4.2.2 挖窝灭卵

夏季结合夏锄，在蝼蛄盛发地先铲表土，发现洞口后往下挖 10~18 cm，可找到卵，再往下挖 8 cm 左右可挖到雌虫。

6.4.3 化学防治

6.4.3.1 种子包衣

在花生播种前，用甲·克悬浮种衣剂和克百·多菌灵悬浮种衣剂进行种子包衣。

6.4.3.2 灌根或撒施

在蝼蛄发生期，在花生田间撒施辛硫磷颗粒剂和毒死蜱颗粒剂，或用毒·辛乳油灌根。

6.5 花生蚜虫

6.5.1 农业防治

清除越冬寄主，减少虫源。秋后及时清除田埂、路边杂草，处理作物秸秆，降低虫口密度，减轻蚜虫危害。

6.5.2 物理防治

花生田覆盖地膜有明显的反光驱蚜作用，银灰色的地膜效果更好。利用蚜虫趋向黄色的特性，田间设置用深黄色调和漆涂抹的黄板，板面上抹一层机油（黏剂），一般直径为 40 cm，高度为 1 m，每隔 30~50 m 一个，诱蚜效果较好。

6.5.3 生物防治

利用天敌防治。蚜虫发生时，以 1：20 或 1：30 释放食蚜瘿蚊；或每平方米释放 415 头烟蚜茧蜂；或每平方米释放 3~115 头七星瓢虫类捕食瓢虫。

6.5.4 药剂防治

6.5.4.1 拌种

在花生播种前，用甲·克悬浮种衣剂和克百·多菌灵悬浮种衣剂进行种子包衣。

6.5.4.2 叶面喷施

当田间蚜墩率达到 20%~30%，一墩蚜量为 30 头时，用溴氰菊酯喷雾防治。

6.6 棉铃虫

6.6.1 农业防治

在棉铃虫发生严重的田块，花生收获后深耕 30~33 cm，消灭越冬蛹。进行冬灌，消灭害虫。

6.6.2 物理防治

可根据棉铃虫最喜欢在玉米上产卵的习性，于花生播种时在春、夏花生田的畦沟边零星点播玉米，诱使棉铃虫产卵，然后集中消灭。有条件的地方，可在发现第 1~2 代成虫时，在花生田里用长 50 cm 的带叶杨树枝条诱杀成虫。利用成虫具有较强的趋光性，利用黑光灯诱杀棉铃虫成虫，每 3.3 hm² 设置 20W 黑光灯一盏，一般灯距在 150~200 m 范围，灯高于花生植株 30 cm。

6.6.3 生物防治

保护和利用寄生性唇齿姬蜂、方室姬蜂、红尾寄生蝇和赤眼蜂等天敌对棉铃虫的控制作用。

6.6.4 药剂防治

当田间虫数达到 4 头/m² 时，用溴氰菊酯喷雾防治。喷雾时喷头向下又向上翻，即"两翻一扣，四面打透"，防治效果较好。

6.7　斜纹夜蛾

6.7.1　农业防治

上茬作物收获后，清除田间及四周杂草，集中烧毁；花生收获后翻耕晒土或灌水，破坏或恶化斜纹夜蛾化蛹场所，减少虫源；人工摘除卵块和初孵幼虫危害的叶片，压低虫口密度；利用幼虫假死性，早晚通过震落扑杀。

6.7.2　物理防治

6.7.2.1　糖醋酒液诱杀

利用糖醋酒液诱杀斜纹夜蛾成虫。用糖醋液（糖：醋：酒：水 = 3：4：1：2）加少量敌百虫、甘薯或豆饼发酵液诱蛾。

6.7.2.2　灯光诱杀

利用成虫趋光性，于盛发期用灯光诱杀成虫。

6.7.3　药剂防治

在斜纹夜蛾幼虫 1~3 龄期前用氰戊·马拉松乳油喷雾防治。由于斜纹夜蛾幼虫白天不出来活动，故喷药在傍晚 17：00 进行为宜。

6.8　花生叶螨

花生叶螨统称红蜘蛛，危害花生的叶螨主要有朱砂叶螨和二斑叶螨。

6.8.1　农业防治

清除田边杂草，减少越冬虫源；拔出虫株，集中销毁；花生收获后及时深耕，可杀死大量越冬螨，并可减少杂草等寄主植物。

6.8.2　生物防治

有效利用深点食螨瓢虫、草蛉、暗小花蝽、盲蝽等天敌防治叶螨；或利用与花生叶螨同时出蛰的小枕绒螨、拟长毛钝绥螨、东方钝绥螨、芬兰钝绥螨、异绒螨等捕食螨控制花生叶螨。

八、花生田主要杂草防治技术规程

1　范围

本标准规定了花生田主要杂草防治的技术要求。

本标准适用于花生主要杂草的防治。

2　规范性引用文件

下列文件对于本文件的应用是必不可少的。凡是注日期的引用文件，仅注日期的版本适用于本文件。凡是不注日期的引用文件，其最新版本（包括所有的修改单）适用于本文件。

GB 4285　农药安全使用标准

GB/T 8321（所有部分）　农药合理使用准则

3　推荐使用药剂的说明

本标准推荐的除草剂是经我国农药管理部门登记允许在花生上使用的，不得使用国家禁止在花生上使用和未登记的农药。推荐药剂含量、剂型及使用浓度参照《农药登记公告》和当地用药实际情况。当新的有效农药出现或者新的管理规定出台时，以最新的规定为准。

4　综合防治技术

4.1　花生田主要杂草

花生田杂草有 150 余种，为害花生较重的有 30 余种，主要有马唐、稗草、狗尾草、牛筋草、野稷、画眉草、黄颖莎草、香附子、藜、小藜、马齿苋、铁苋菜、反枝苋、凹头苋、醴肠、半夏、打碗花、裸花水竹叶、牵牛花、田旋花、刺儿菜、灰绿藜、碱蓬、白茅等。

4.2　农业措施

4.2.1　植物检疫

花生在引种时，必须经过检疫人员严格检疫，以防止危险性杂草种子随着引进种子时带入。

4.2.2　人工除草

利用人工拔草、锄草、中耕除草等方法防除杂草。

4.2.3　机械耕作防除措施

利用农业机械进行除草。主要有春播田秋耕，深度以 25 ~ 30 cm 为宜；夏播田播种前耕地；苗期机械中耕；适度深耕等。机械耕作能减少杂草种子萌发率，较好地破坏多年生杂草地下繁殖部分，并且随着耕作深度的增加杂草株数减少。

4.2.4　施用腐熟土杂粪

土杂粪腐熟后，其中的杂草种子经过高温氨化，大部分丧失了生活力，可减轻危害。

4.2.5　采用秸秆覆盖法

利用作物秸秆（如粉碎的小麦秸秆、稻草等）进行花生行间覆盖，一般每 667 m² 可覆盖粉碎的小麦秸秆 200 ~ 300 kg。覆盖时将麦秸均匀铺撒，以盖严地皮为宜。

4.3　地膜除草

分为除草药膜和有色膜两种，除草药膜是含有除草剂的塑料透光药膜，有色膜是不含除草剂、基本不透光、具有颜色的地膜。两种膜在覆盖时，要把花生垄耙平耙细，膜要与土紧贴，注意不要用力拉膜，以防影响除草效果。

4.4　化学防除

4.4.1　露地春播花生田杂草化学防除措施

4.4.1.1　播种后出苗前土壤处理化学防除措施

以禾本科杂草为优势种群的地块，用甲草胺、乙草胺、异丙甲草胺、精异丙甲草胺、异丙草胺、二甲戊灵和仲丁灵等除草剂，兑水 30 ~ 45 kg，土壤均匀喷雾处理。

以阔叶杂草为优势种群的地块，用噁草酮、乙氧氟草醚、扑草净等除草剂，兑水 30 ~ 45 kg，土壤均匀喷雾处理。

花生田禾本科杂草及阔叶杂草均较多的地块，可以选用上述两类药剂进行混用，混用药量略低于单用药量。

4.4.1.2　出苗后茎叶处理化学防除措施

花生 3 ~ 5 叶期，杂草 2 ~ 5 叶期，除草剂兑水 15 ~ 30 kg，茎叶均匀喷雾处理。杂草叶龄小时用低量，杂草叶龄大时用高量。

防除一年生禾本科杂草，用精喹禾灵、精吡氟禾草灵、高效氟吡甲禾灵、精噁唑禾草灵和烯禾定等除草剂，兑水 30～50 kg，土壤均匀喷雾处理。

防除一年生阔叶杂草，用灭草松、乙羧氟草醚等除草剂，兑水 15～30 kg，土壤均匀喷雾处理。

防除香附子等莎草科杂草，用灭草松、甲咪唑烟酸等除草剂，兑水 15～30 kg，土壤均匀喷雾处理。

花生田禾本科杂草及阔叶杂草均较多的地块，可以选用上述两类药剂进行混用，混用药量略低于单用药量。

4.4.2　覆膜春播花生田杂草化学防除措施

由于花生播种后要进行覆膜，仅适宜选用土壤处理除草剂。

以禾本科杂草为优势种群的地块，用甲草胺、异丙甲草胺、精异丙甲草胺、异丙草胺、二甲戊灵仲丁灵等除草剂，兑水 30～45 kg，土壤均匀喷雾处理。

以阔叶杂草为优势种群的地块，用噁草酮、乙氧氟草醚、扑草净等除草剂，兑水 30～45 kg，土壤均匀喷雾处理。

花生田禾本科杂草及阔叶杂草均较多的地块，可以选用上述两类药剂进行混用，混用药量略低于单用药量。

4.4.3　夏播花生田杂草化学防除措施

夏花生化学除草最适宜的时间为播种后出苗前进行药剂处理土壤。如果苗前来不及用药防除，亦可在花生出苗后茎叶处理防除已出土杂草。选用夏花生田除草剂，应注意药剂对后茬作物（如小麦等）的影响。

播种后出苗前土壤处理：夏花生田使用的播种后出苗前土壤处理除草剂的种类、用量及土壤处理方法，同覆膜春播花生田。

出苗后茎叶处理：夏花生田使用的茎叶处理除草剂的种类、用量及土壤处理方法，同露地春播花生田。

4.4.4 麦田套种花生田杂草化学防除措施

麦田套种花生化学除草可分为播种带施药和麦茬带施药两种方法。播种带施药是在预留好的播种花生行间播种花生，播种后喷施土壤处理除草剂。麦茬带施药是在麦收后灭茬，然后进行麦茬带喷施除草剂。除草剂用药量应按花生播种带和麦茬带实际面积计算，土壤表层均匀喷雾。

麦田套种花生化学除草，土壤处理选用除草剂品种及用药量与夏播花生田播种后出苗前土壤处理相同。

九、花生干燥与贮藏技术规程

1　范围

本标准规定了花生干燥与贮藏的技术要求。

本标准适用于加工花生（食用花生、油用花生）与种用花生的干燥与贮藏。

2　规范性引用文件

下列文件对于本文件的应用是必不可少的。凡是注日期的引用文件，仅注日期的版本适用于本文件。凡是不注日期的引用文件，其最新版本（包括所有的修改单）适用于本文件。

GB/T 3543（所有部分）　农作物种子检验规程

GB 4407.2　经济作物种子　第2部分：油料类

GB 5491　粮食、油料检验　扦样、分样法

GB/T 5497　粮食、油料检验　水分测定法

GB/T 8321（所有部分）　农药合理使用准则

GB/T 18979　食品中黄曲霉毒素 B_1 的测定　免疫亲和层析净化高效液相色谱法和荧光光度法

NY/T 1067　食用花生

NY/T 1068　油用花生

SN/T 0803.8　进出口油料游离脂肪酸、酸价检验方法

3　干燥

3.1　自然干燥

新收获的花生应及时干燥。

3.1.1　北方产区花生荚果收获后先经田间晾晒，初步扬净，晒场摊晒 5~6 d，含水量降到 8%~10% 时，即可贮藏。

3.1.2　南方产区花生荚果收获后，应及时在阳光下摊晒。阴雨天应在室内平摊晾开，用风机吹干，晴天后及时晒干。晒至六七成干后，间歇晒果，即晒 1~2 d，堆放 1~2 d，使花生荚果水分逐步干燥至 8%~10% 时，即可贮藏。

3.1.3 花生荚果翻晒前，应清理晒场。种用花生一次翻晒一个品种，翻晒两个以上品种时，至少有 2 m 间隔距离，并有隔离设置。花生原种应单独翻晒。种用花生不宜过高的晒种温度。南方地区夏季花生晒果以上午为宜。种用和加工用花生仁含水量≤8%时，即可贮藏。

3.2 机械干燥

通入干燥空气的温度应在 38 ℃ 左右，最低气流速度应为 10 m³/（min·m³）。花生荚果的堆层厚度，在含水量30%时，宜为 120~152 cm。加工用花生平均含水量降到 8%~10%，种用和加工用花生仁含水量≤8%时，停止干燥。种用花生在翻晒、倒库、并垛、并库、加工精选时，要检查核对标签和堆垛卡片，不同的花生原种不得相邻堆放，严防混杂。散落在地上的混杂种子，不得作种用。

3.3 检查

花生水分含量按 GB/T 5497 规定的方法检测。种用花生纯度、净度、发芽率应符合 GB 4407.2 的要求。加工花生品质应符合 NY/T 1067 和 NY/T 1068 的要求。

4 贮藏

4.1 花生

4.1.1 重茬地花生，收获过迟或收刨、摘果、晒干中受损伤的花生，不宜作种子使用。新、陈种子不得混放。花生原种和品种种子，应用新袋盛装，袋内外均应有标签，防止种子混杂。

4.1.2 花生贮藏以花生荚果为宜。

4.2 仓库和设备

4.2.1 仓库应牢固安全，不漏雨，不潮湿，门窗齐全，密闭。有防潮、通风设施，有垫板。仓库有附属晒场。库内不得堆放易燃易爆、化肥、农药等与种子无关的物品。

4.2.2 配备包装、运输、清扫、整理等库用工具和清选机械、熏蒸杀虫机械和通风设备及准确衡器。

4.2.3　配备测温仪器、测湿仪器、游离脂肪酸检测仪、黄曲霉毒素检测仪等检验仪器。

4.2.4　配备灭火器械和水源，对器材每月检查一次。

4.3　仓库消毒灭菌

　　花生入库前要清扫仓库，用敌百虫喷雾消毒，密闭72 h，然后通风24 h。用药量按表1规定执行。

表 1　清库消毒用药种类及剂量

药　名	浓度/%	用药方法	用药量/（g/m²）
敌百虫	0.5~1.0	喷雾	50

4.4　过秤

　　花生入库前需过秤，填写证单，做到账目、卡片、实物三相符。

4.5　环境温湿度

　　花生贮藏环境条件应控制在温度≤20 ℃、相对湿度≤55%。

4.6　堆放

4.6.1　花生宜采用袋装堆放，分非字形、半非字形。堆袋高度一般为7袋。

4.6.2　花生堆垛和沿库壁四周应留有0.5~0.6 m的通道。

4.6.3　花生仓库、堆垛要有标牌，标明品种、产地、入库日期。

4.7　入库前检查

4.7.1　花生贮藏期间，实行定期定点检查，遇到灾害性天气要及时检查。检查内容包括花生温度、水分、发芽率、库温、库湿、黄曲霉毒素和虫霉鼠雀等。检查结果记入卡片。

4.7.2　花生扦样按GB 5491的规定执行。袋装种子分层扦样，扦样方法按照GB/T 3543、GB 5491的规定执行。

4.7.3　温湿度检查：花生入库完毕后的半个月内，每3 d检查一次，以后每隔7~10 d检查一次。

4.7.4 花生虫害检查：按不同季节、虫害的活动规律确定检查重点，花生温度在 15 ℃以下每季一次、15~20 ℃每半个月检查一次、20 ℃以上每 5~7 d 检查一次。虫害的密度，以最大部位表示，按 1 kg 样品中的活虫头数为计算单位。

4.7.5 种用花生发芽率测定：种用花生进出库时，各测定一次。11 月至次年 4 月，每月测定一次。发芽率测定方法按 GB/T 3543 的规定执行。

4.7.6 游离脂肪酸测定：花生入库时测定一次。花生水分 8%、温度 20 ℃以下时，每 2 个月测定一次。当温度超过 25 ℃时，每月测定一次。测定方法按 SN/T 0803.8 的规定执行。

4.7.7 黄曲霉毒素测定：花生进出库时各测定一次。黄曲霉毒素测定方法按 GB/T 18979 的规定执行。

4.8 仓库密闭与通风

4.8.1 在高温、高湿季节，花生以密闭贮藏为主。气温下降季节或库内温、湿度较高时，应予通风。

4.8.2 具有密闭条件的仓库，根据仓库大小和花生贮藏数量，应配备去湿机，以降低库内湿度。

4.9 花生合理损耗

花生入库到出库过程中，在安全贮藏水分内的自然蒸发，倒垛尘杂的扬弃以及多次抽样检验、误差等可发生自然减量。合理损耗一般为：保管期在 6 个月以内，不应超过 0.2%；保管期在 1 年内，不应超过 0.25%；保管期在 1 年以上，不应超过 0.5%。

4.10 病虫害防治

4.10.1 花生贮藏期间的害虫主要有印度谷螟、拟谷盗、锯谷盗、玉米象、麦蛾等。

4.10.2 已入库的花生，宜采用熏蒸。

4.10.3 库内保持清洁卫生，应无洞无缝，大门有防虫线，仓库外 3 m 内无垃圾、无杂草、无积水。器材、装具、检查用具、机械设备应清洁无虫。

4.10.4　虫害治理：在花生堆内的检查点中，一处有 2 头/kg 活虫时，要及时灭杀。防虫用药应符合 GB/T 8321 的要求。

4.10.5　防霉变：花生水分超过10%时，应及时晾晒全花生安全贮藏的水分标准以下，以防花生受黄曲霉等菌素侵染而发霉变质。

4.10.6　防鼠雀：库门设置防鼠板（≥60 cm，包白铁皮），防雀网。灭鼠采用机械、物理、化学、生物和人工捕打相结合等方法，做到无鼠洞、无雀巢。

5　出库

5.1　出库前，花生中黄曲霉毒素应符合国家标准。

5.2　种用花生出库前，发芽率不符合国家标准的，不应作种子供应。

5.3　花生种子应凭证出库。花生种子销售凭三联单，并核对品种、等级、数量，防止错发。

5.4　销售花生种子时，应附品种说明书。

5.5　保管员应定期核实账目，做到日清月结、账目、卡片、实物相符。

十、旱薄地花生高产栽培技术规程

1 范围

本标准规定了旱薄地花生生产产地环境要求和管理措施。

本标准适用于旱薄地花生的生产。

2 规范性引用文件

下列文件对于本文件的应用是必不可少的。凡是注日期的引用文件，仅注日期的版本适用于本文件。凡是不注日期的引用文件，其最新版本（包括所有的修改单）适用于本文件。

GB 4285 农药安全使用标准

GB/T 8321（所有部分） 农药合理使用准则

NY/T 496 肥料合理使用准则 通则

3 土壤

土层较浅、土壤肥力较低、保肥保水能力较差、降水量较少且无灌溉条件的地块。

4 播种前准备

4.1 施肥

肥料施用应符合 NY/T 496 的要求。可适当增施有机肥。每 667 m^2 施腐熟鸡粪 1 000~1 500 kg 或养分总量相当的其他有机肥，化肥施用量：氮（N）8~10 kg、磷（P_2O_5）4~6 kg、钾（K_2O）6~8 kg、钙（CaO）6~8 kg。

全部有机肥和 40% 的化肥结合耕地施入，60% 化肥结合播种集中施用。适当施用硼、钼、铁、锌等微量元素肥料。

4.2 品种选用

选用抗旱性强、耐瘠性好、适应性广的中熟或中早熟花生品种，并通过省或国家审（鉴、认）定或登记。

4.3 剥壳与选种

播种前 10 d 内剥壳，剥壳前晒种 2~3 d。选用大而饱满的籽仁作种子。

4.4 药剂处理

根据土传病害和地下害虫发生情况选择符合 GB 4285 及 GB/T 8321 要求的药剂拌种或进行种子包衣。

5 播种与覆膜

5.1 播期

大花生宜在 5 cm 日平均地温稳定在 15 ℃ 以上、小花生稳定在 12 ℃ 以上时播种。

北方春花生适宜在 4 月下旬至 5 月上旬播种，麦套花生在麦收前 10~15 d 套种，夏直播花生抢时早播。南方春秋两熟区，春花生宜在 2 月中旬至 3 月中旬、秋花生宜在立秋至处暑播种。长江流域春夏花生交作区宜在 3 月下旬至 4 月下旬播种。

5.2 土壤墒情

播种时土壤相对含水量以 60%~70% 为宜。

5.3 种植规格

5.3.1 北方产区，垄距 85~90 cm，垄面宽 50~55 cm，垄高 8~10 cm，每垄 2 行，垄上行距 30~35 cm，穴距 16~18 cm，每 667 m² 播 8 000~10 000 穴，每穴播 2 粒种子。

5.3.2 南方产区，畦宽 120~200 cm（沟宽 30 cm），畦面宽 90~170 cm，播 3~6 行，每 667 m² 播 9 000~10 000 穴，每穴 2 粒种子。

5.4 覆膜

旱薄地花生应覆膜。选用宽度 90 cm 左右、厚度 0.004~0.006 mm、透明度 ≥80%、展铺性好的常规聚乙烯地膜。覆膜前应喷施符合 GB 4285 及 GB/T 8321 要求的除草剂。

6 田间管理

6.1 撤土引苗

当花生出苗时，及时将膜上的覆土撤到垄沟内。连续缺穴的地方要及时补种。4 叶期至开花前及时理出地膜下面的侧枝。

6.2 病虫害防治

施用农药按 GB 4285 和 GB/T 8321 的规定执行。

6.3 叶面施肥

生育中后期每 667 m^2 叶面喷施 2%～3% 的尿素水溶液或 0.2%～0.3% 的磷酸二氢钾水溶液 40 kg,连喷 2 次,间隔 7～10 d。也可喷施经农业部*或省级部门登记的其他叶面肥料。

7 收获与晾晒

当 65% 以上荚果果壳硬化、网纹清晰、果壳内壁呈青褐色斑块时,及时收获、晾晒,尽快将荚果含水量降到 10% 以下。

8 清除残膜

收获后及时清除田间残膜。

---

* 现农业农村部

附录三　地方标准

一、花生储藏技术规程

1　范围

本标准规定了花生收获、储藏前处理、储藏场所准备、储藏以及包装的要求。本标准适用于花生仁（果）的通风库储藏。

2　规范性引用文件

下列文件对于本文件的应用是必不可少的。凡是注日期的引用文件，仅所注日期的版本适用于本文件。凡是不注日期的引用文件，其最新版本（包括所有的修改单）适用于本文件。

GB/T 1532—2008　花生

GB/T 29890—2013　粮油储藏技术规范

GB/T 8946　塑料编织袋

GB/T 9829—2008　水果和蔬菜　冷库中物理条件定义和测量

NY/T 1067—2006　食用花生

NY/T 1893—2010　加工用花生等级规格

NY/T 1068—2006　油用花生

LS/T 3801　粮食包装　麻袋

3　术语和定义

GB/T 1532—2008 标准中的术语和定义适用于本标准。

3.1　花生仁 peanut kernel

花生果去掉果壳的果实。

3.2　花生果 peanut shell

未去掉果壳的花生果实。

3.3　安全水分 safe moisture content

某种粮食或油料在常规储藏条件下，能够在当地安全度夏而不发热、不霉变的水分含量。

3.4 百粒重 100-seed weight

100 粒种子的重量，以克表示，体现种子大小与充实程度的指标。

4 收获

4.1 花生成熟标准

植株呈现衰老状态，中下部叶片由绿转黄并逐渐脱落，茎枝转黄绿色。大多数果壳硬化，网文清晰，果壳内侧乳白色稍带黑色，种仁皮薄、光滑，呈现品种固有色泽，籽粒饱满。

4.2 收获时间

当本地昼夜平均气温降低 12 ℃ 以下时，或当荚果饱满率达 65%~75%时，或当品种的固定生育天数到达时，或当花生成熟后即可收获。正常年份对应时间在 9 月 18—22 日。

4.3 收获方法

根据花生品种及土壤状况，选择晴天采取拔收、刨收、犁收三种人工采收方式，刨、犁的深度要在 10 cm 以下。将 3~4 行花生合并排成一条，根果向阳，顺垄堆放。种植面积大的宜机械采收。

5 收后处理

5.1 田间晾晒

收获后及时晾晒，注意防雨淋、霉腐等。晾晒至叶片含水量 20%以下后人工摘果或者机械摘果。

5.2 花生果干燥

花生摘果后，初步扬净，摊晒 6~10 cm 厚，每日在露水干后摊开，翻动数次，傍晚堆积成长条状，并遮盖草席或雨布，摊晒至含水量≤10%。

5.3 花生仁干燥

人工或机械方式脱壳制得花生仁，进行适当干燥至花生仁安全水分。百粒重≤80 g 的品种，含水量 ≤6%，百粒重≥80 g 的品种，含水量≤8%。

5.4　分级

　　花生果（仁）按照 NY/T 1893—2010 中 4.2、4.3 规定内容进行分级处理。

6　储藏场所准备

　　储藏前应对库房进行清扫、消毒，消毒方法参照 GB/T 29890—2013 中规定内容，消毒处理后需及时进行通风换气。

7　入库

7.1　入库的花生果安全水分≤10%，花生仁（百粒重≤80 g 的品种）安全水分≤6%，花生仁（百粒重≥80 g 的品种）安全水分≤8%。

7.2　储藏花生果用麻袋或编织袋包装，花生仁用编织袋包装。每袋净重不超过 50 kg，麻袋应符合 LS/T3801 的规定，塑料编织袋应符合 GB/T8946 的规定，所用包装不能有任何异味或污染。

7.3　花生果（仁）在搬倒及运输过程中应轻拿轻放，不能摔包、不能脚踩，码放不宜过高，一般以不超过 5 包垛为宜，垛间留有 1 m 通道便于储藏管理。

7.4　码垛与地面距离≥20 cm，与墙面距离≥20 cm，与顶部照明灯具距离≥50 cm。

8　储藏条件

8.1　储藏温度

　　适宜温度 5~10 ℃。

8.2　相对湿度

　　保持干燥，空气相对湿度≤75%。

9　储藏管理

9.1　每周检查、记录库房内的温度和相对湿度、花生果（仁）含水量，发现异常及时调整。温度计、湿度计的选择及测试位置应遵循 GB/T 9829—2008 的规定执行。

9.2　储藏期间定期检查虫、鼠害情况。

9.3　除高温高湿季节，储藏期间均应保持良好的通风条件。

10 出库

选择晴天出库，出库花生质量应满足 NY/T 1067—2006 中内容 5 规定的要求。

11 储藏期

花生果（仁）在干燥、低温的储藏条件下，可安全储藏 1 年。

12 储藏档案管理

入库及出库应详细记录产品的品名、产地、规格、等级、库房消毒、储藏条件、数量、批次、入库及出库时间等信息，并妥善保管相应单据。储藏档案保存两年以上。

二、旱薄地花生丰产栽培技术规程

1 范围

本标准规定了旱薄地花生生产过程中的土壤状况、品种选择、种子处理、整地、施肥、播种、田间管理、收获等生产技术要求。

本标准适用于临沂市旱薄地花生亩产 200~250 kg 的生产。

2 规范性引用文件

下列文件对于本文件的应用是必不可少的。凡是注日期的引用文件，仅注日期的版本适用于本文件。凡是不注日期的引用文件，其最新版本（包括所有的修改单）适用于本文件。

GB 4407.2 经济作物种子 第 2 部分：油料类

GB/T 8321 （所有部分） 农药合理使用准则

GB 13735 聚乙烯吹塑农用地膜覆盖薄膜

GB/T 15671 农作物薄膜包衣种子技术条件

NY/T 496 肥料合理使用准则 通则

3 土壤状况

土层较浅，土壤肥力较低，保墒能力弱，灌溉条件较差的地块。

4 品种选择

选择通过省审、国审或登记的抗旱性强、耐瘠性好、抗病性高，综合性状好的中早熟品种。

5 种子处理

5.1 晒种选种

精选整齐一致的荚果，剥壳前 3~5 d 选择晴天晒果，晒 2~3 d，选择饱满粒大的籽仁做种子。种子按 GB 4407.2 规定执行。

5.2 包衣种子

对种子用花生专用种衣剂包衣，处理方法及条件按 GB/T 15671 规定执行。

6 整地

达到耕深一致，地头整齐，地面平整，土壤细碎，覆盖严密，不露残茬杂草。

7 施肥

7.1 施肥施用按 NY/T 496 执行。结合整地一次性施足肥料，每 667 m² 施用 3 000~4 000 kg 的土杂肥，化肥施用量，N、P、K 施肥配方为：纯 N 16~25 kg，P_2O_5 15~22 kg，K_2O 18~25 kg。

7.2 全部有机肥和 2/3 化肥结合耕翻施入犁底，1/3 结合春季浅耕或起垄作畦施入浅层，适当施用 Fe、Zn、B、Mo 等微量元素。

8 播种

8.1 播种时期

临沂市花生适宜的播期应是在 5~10 cm 地温连续 5 d 稳定在 15 ℃以上时即可播种，一般覆膜花生在 4 月 25 日到 5 月 10 日。播种前要求土壤墒情适宜，确保足墒匀墒播种。

8.2 播种密度

8.2.1 大花生，垄距 85~90 cm，垄面宽 50~55 cm，垄高 8~10 cm，每垄两行，垄上小行距 30~35 cm，每 667 m² 播 6 000~7 000 穴，每穴两粒。

8.2.2 小花生，垄距 85~90 cm，垄面宽 50~55 cm，垄高 8~10 cm，每垄两行，垄上小行距 30~35 cm，每 667 m² 播 7 000~8 000 穴，每穴两粒。

8.3 覆膜

旱薄地花生覆膜栽培。地膜选择应符合 GB 13735—1992 要求。覆膜前喷施符合 GB/T 8321 要求的除草剂。

9 田间管理

9.1 破膜放苗

播后 10 d 左右戳膜透气，齐苗后适时引苗出膜，用土围压，提温保墒，破膜放苗要在上午 10 时以前或下午 4 时以后进行。

9.2　查苗及补苗

在花生出苗后 5~7 d 及时查苗、补苗，以确保密度。

9.3　病虫草害防治

采用农业防治、生物防治、物理防治和化学防治技术。应严格按照 GB/T 8321 的规定执行。

9.4　控徒长

当花生主茎高达 30~35 cm 时，根据生长情况应及时喷施烯唑醇 700~800 倍，连喷 1~2 次，间隔 7~10 d。

9.5　叶面施肥

生育期后期，根据生长情况喷施叶面肥。2%尿素溶液、3%过磷酸钙浸提液或 0.2%磷酸二氢钾溶液，喷施 2 次，间隔 7~10 d。

10　收获

茎秆转为黄绿色并枯软，多数荚果果壳硬化，网纹清晰，种仁饱满时，及时收获晾晒 5~7 d，尽快将花生含水量降至 10%以下。

三、丘陵旱地花生高产栽培技术规程

1 范围

本标准规定了丘陵旱地高产栽培技术规程中的土壤状况、品种选择、种子处理、整地、施肥、播种、田间管理、收获等生产技术要求。

本标准适用于临沂市丘陵旱地亩产 350 kg 以上的花生生产。

2 规范性引用文件

下列文件对于本文件的应用是必不可少的。凡是注日期的引用文件，仅注日期的版本适用于本文件。凡是不注日期的引用文件，其最新版本（包括所有的修改单）适用于本文件。

GB 4407.2　经济作物种子　第 2 部分：油料类

GB/T 8321（所有部分）　农药合理使用准则

GB 13735　聚乙烯吹塑农用地膜覆盖薄膜

GB/T 15671　农作物薄膜包衣种子技术条件

NY/T 496　肥料合理使用准则　通则

3 土壤状况

海拔在 100~400 m，保肥保墒能力差，灌溉条件差的地块。

4 品种选择

选择通过省审、国审或登记的抗旱性强、耐瘠性好、抗病性高的品种。

5 种子处理

5.1 晒种

剥壳前 2~3 d 选择晴天晒果，选择饱满粒大的籽仁做种子。种子按 GB 4407.2 规定执行。

5.2 包衣种子

对种子用花生专用种衣剂包衣，处理方法及条件按 GB/T 15671 规定执行。

6 整地

达到耕深一致，地头整齐，地面平整，土壤细碎，覆盖严密，不露残茬杂草。

7　施肥

7.1　施肥施用应符合 NY/T 496 的要求。结合整地一次性施足肥料，每 667 m² 施用 3 000~4 000 kg 的土杂肥，化肥施用量，氮（N）10~12 kg，磷（P_2O_5）8~10 kg，钾（K_2O）6~8 kg，钙（CaO）6~8 kg。

7.2　全部有机肥和 2/3 化肥结合耕翻施入犁底，1/3 结合春季浅耕或起垄作畦施入浅层，适当施用 Fe、Zn、B、Mo 等微量元素。

8　播种

8.1　播种时期

　　在 5~10 cm 地温连续 5 d 稳定在 15 ℃以上时即可播种，一般覆膜花生在 4 月 25 日到 5 月 10 日。播种前要求土壤墒情适宜，确保足墒匀墒播种。

8.2　播种密度

8.2.1　大花生，垄距 85~90 cm，垄面宽 50~55 cm，垄高 8~10 cm，每垄两行，垄上小行距 30~35 cm，每 667 m² 播 8 000~9 000 穴，每穴两粒。

8.2.2　小花生，垄距 85~90 cm，垄面宽 50~55 cm，垄高 8~10 cm，每垄两行，垄上小行距 30~35 cm，每 667 m² 播 9 000~10 000 穴，每穴两粒。

8.3　覆膜

　　丘陵旱地花生覆膜栽培。地膜选择应符合 GB 13735 要求。覆膜前喷施符合 GB/T 8321 要求的除草剂。

9　田间管理

9.1　查苗及补苗

　　在花生出苗后 5~10 d 及时查苗、补苗，以确保密度。

9.2　病虫草害防治

　　采用农业防治、生物防治、物理防治和化学防治技术防治病虫草害。应严格按照 GB/T 8321 的规定执行。

9.3 叶面施肥

生长后期，根据生长情况喷施叶面肥。每 667 m² 叶面喷施 2% 尿素水溶液或 0.2%~0.3%磷酸二氢钾溶液 40 kg，喷施 2~3 次，间隔 7~10 d。

10 收获

茎秆转为黄绿色并枯软，多数荚果果壳硬化，网纹清晰，种仁饱满时，及时收获晾晒 5~7 d，尽快将花生含水量降至 10%以下。

四、花生水肥一体化滴灌高产
栽培技术规程

1　范围

本标准规定了花生水肥一体化滴灌高产栽培技术的产地环境、水肥一体化系统、高产栽培技术、收获等技术要点。

本标准适用于山东有井水、水库、蓄水池等固定水源，且满足滴灌要求的花生产区。

2　规范性引用文件

下列文件对于本文件的应用是必不可少的。凡是注日期的引用文件，仅所注日期的版本适用于本文件。凡是不注日期的引用文件，其最新版本（包括所有的修改单）适用于本文件。

GB 4407.2　经济作物种子　第2部分：油料类

GB 5084　农田灌溉水质标准

GB/T 10002.1　给水用硬聚氯乙烯（PVC-U）管材

GB/T 13663（所有部分）　给水用聚乙烯（PE）管道系统

GB/T 13664　低压输水灌溉用硬聚氯乙烯（PVC-U）管材

GB/T 19812.1　塑料节水灌溉器材　第1部分：单翼迷宫式滴灌带

GB/T 50485　微灌工程技术规范

NY/T 496　肥料合理使用准则　通则

NY/T 855　花生产地环境技术条件

NY/T 1276　农药安全使用规范总则

NY/T 2393　花生主要虫害防治技术规程

NY/T 2394　花生主要病害防治技术规程

NY/T 2401　覆膜花生机械化生产技术规程

3　产地环境要求

选择轻壤或沙壤土，土层深厚，地势平坦，排灌方便的中等以上肥力地块，产地环境符合 NY/T 855 的要求。前茬作物以玉米、小麦等禾本科作物为宜，避免与豆科作物轮作。

4　水肥一体化系统技术要求

4.1　滴灌系统组成

4.1.1　水源要求

水源为井水、泉水等地下水，或江河湖泊、库水、池塘等地上水，水质需满足 GB 5084 的要求。

4.1.2　首部枢纽建设

4.1.2.1　水泵和动力机选择

根据水源状况、灌溉面积、设计扬程等选择适宜的水泵种类，配置相应动力，动力机可以选择柴油机、电动机等。

4.1.2.2　过滤器选择

含有机污物较多的水源宜采用砂石过滤器；含沙量大的水源宜采用离心式过滤器，下游配合筛网过滤器或砂石过滤器使用，筛网过滤器的孔径为 100~150 目。

4.1.2.3　配套控制设备和仪表

包括阀门、流量和压力调节器、流量表或者水表、压力表、安全阀、进排气阀等。

4.1.3　输配水管网建设

4.1.3.1　供水管选择

管材和管件应符合 GB/T 10002.1 的规定要求：在管道适当位置安装排气阀、逆止阀和压力调节器等装置。

4.1.3.2　输配管网建设

由干管、支管、滴灌带和控制阀等组成，地势差较大的地块需安装压力调节器。干管管材及管件应符合 GB/T 13664 的规定要求，支管管材及管件应符合 GB/T 13663（所有部分）的规定要求，滴灌带应符合 GB/T 19812.1 的规定要求。干管直径一般为 80~120 mm，具体大小根据灌溉面积和设计流量确定，支管直径一般为 32 mm 或者 40 mm；滴灌带管径为 15~20 mm，滴孔间距为 15~20 cm，工作时滴灌带压力为 0.05~0.1 MPa，流量为 1.5~

2.0 L/h。

4.1.3.3　田间布设

根据地块的形状布设支管和滴灌带，支管布设方向与花生种植行向垂直，滴灌带铺设走向与花生种植行向同向，将支管与滴灌带布置成"丰"字形或梳子形。

4.2　配套施肥装置建设

4.2.1　安装

施肥装置可安装于滴灌系统首部和干管相连组成水肥一体化系统，亦可安装于支管或者滴灌带的上游，与支管或者滴灌带相连组成水肥一体化系统。施肥器可以选择压差式施肥罐、文丘里注入器、注入泵等。施肥装置的安装与维护应符合 GB/T 50485 的要求。

4.2.2　清洗

每 30 d 清洗肥料罐一次，并依次打开各个末端堵头，使用高压水流冲洗主、支管道。大型过滤器的压力表出口读数低于进口压力 0.6~1 个大气压（atm）时清洗过滤器。小型单体过滤器每 30 d 清洗一次。

5　高产栽培技术

5.1　整地

春花生播种前深松、旋耕土壤，整地达到松、细、平、净、墒、齐；夏直播花生小麦收获后，秸秆还田，选用粉碎刀加密的灭茬机粉碎秸秆，其长度应小于 5 cm，旋耕 2 遍。

5.2　施肥时期及用量

整地时每 667 m² 施纯氮（N）3 kg、磷（P_2O_5）0.5 kg、钾（K_2O）1 kg；于花针期、结荚期和饱果期结合滴灌每 667 m² 分别追施纯氮（N）3 kg、磷（P_2O_5）1.5 kg、钾（K_2O）3 kg、钙（CaO）2 kg，纯氮（N）4 kg、磷（P_2O_5）2 kg、钾（K_2O）5 kg、钙（CaO）5 kg，纯氮（N）2 kg、磷（P_2O_5）2 kg、钾（K_2O）2 kg、钙（CaO）3 kg。肥料的使用符合 NY/T 496 的要求。

5.3 花生品种选择及种子处理

5.3.1 品种选择

选用通过审定或登记的高产、优质、耐肥、综合抗性好的品种。

5.3.2 种子处理

5.3.2.1 精选种子

花生种子播种前 7~10 d 进行机械剥壳，剥壳前晒种 2~3 d，剥壳时随时剔除虫、芽、烂果，剥壳后进行分级，分成 1、2、3 级，选用 1、2 级作为种子，其质量标准应符合 GB 4407.2 的要求。播种时 1、2 级种子应分开播种。

5.3.2.2 种子包衣

根据病虫害发生情况，选择符合 NY/T 1276 要求，并在我国花生上获得正式登记的农药品种，使用花生包衣机进行包衣。

5.4 播种

5.4.1 播种时期

春花生适宜播期为 5 cm 地温稳定在 15 ℃ 以上，一般为 4 月 25 日至 5 月 15 日；夏直播花生播种宜于 6 月 15 日前，不晚于 6 月 20 日。

5.4.2 播种密度

春播花生，每 667 m^2 单粒精播 13 000~16 000 粒；双粒播种 8 000~9 000 穴。夏直播花生，每 667 m^2 单粒精播 15 000~18 000 粒，双粒播种 9 500~10 500 穴。

5.4.3 播种机械

选用起垄、播种、喷洒除草剂、铺设滴灌带、覆膜、膜上压土等一次完成的花生联合播种机。操作符合 NY/T 2401 的要求。

5.5 水肥一体化滴灌

5.5.1 滴灌时期

在花生不同生育期进行测墒滴灌，当 0~40 cm 土壤相对含水量低于该时期适宜的指标时（表 1）进行滴灌补水。

表 1 不同生育期适宜土壤相对含水量指标

项目	指标要求			
	播种出苗期	幼苗期	开花至结荚期	饱果成熟期
适宜土壤相对含水量（%）	65±5	55±5	65±5	55±5

5.5.2 灌水量

灌水定额即单位面积单次浇水总量。计算公式见式（1）：

$$W = 1\,000 \times P \times h \times r \times \theta_{max} \times (A \times B)/\eta \qquad (1)$$

式中：

W——单位面积灌水量，单位为毫米（mm）；

P——土壤湿润比，单位为百分比（%）；

A——适宜土壤相对含水量，单位为百分比（%）；

B——灌溉前土壤相对含水量，单位为百分比（%）；

h——计划湿润层深度，单位为米（m）；

r——土壤容重，单位为克/立方厘米（g/cm³）；

η——灌溉水利用系数，一般取 0.9~0.95；

θ_{max}——田间最大持水量，单位为百分比（%）。

土壤湿润比，是指湿润土体与整个计划层土体的比值。计算公式见式（2）：

$$P = 0.785 \times D^2/(S_\varepsilon \times S_i) \times 100\% \qquad (2)$$

式中：

P——土壤湿润比，单位为百分比（%）；

D——土壤水分扩散直径，单位为米（m）；

S_ε——滴头（或出水点）间距，单位为米（m）；

S_i——毛管间距，单位为米（m）。

5.5.3 滴灌肥料选择

滴灌肥料可选择适合花生的滴灌专用肥料或水溶性复合肥，也可选择如尿素、硫酸铵、磷酸二氢钾、硫酸钾、硝酸钙等可溶性肥料。

5.5.4　追肥方法

在需要灌水和追肥的时期，进行滴灌施肥。首先，根据地块大小计算所需的肥料用量，将固体肥料溶解成肥液备用。其次，待1/3的灌水量灌入田间后再进行注肥，注肥时间约为总灌水时间的1/3，注肥流量根据肥液总量和注肥时间确定。注肥完毕后，继续灌水直至达到预定灌水量。

如某生育时期土壤水分充足不需要灌水，但需要追肥时，应在该时期增灌 10 $m^3/667$ m^2，以随水追肥。

5.6　病虫防控

花生苗期至花针期主要防治蚜虫，结荚期主要防治叶斑病、蛴螬、棉铃虫等，防治方法按照 NY/T 2393 和 NY/T 2394 实施。

5.7　控制旺长

当主茎高达到 30~35 cm 时，每 667 m^2用 5%烯效唑可湿性粉剂 40~50 g，加水 40~50 kg 叶面喷施。施药后 10~15 d，如果主茎高度超过 40 cm 可再喷施一次。

6　收获

6.1　滴灌带回收

花生收获前，采用人工或机械及时顺垄揭除地膜，带出田外，回收滴灌带，并排净管内积水。

6.2　适时收获

春花生于 9 月中下旬，夏直播花生于 10 月上、中旬，选用花生联合收获机或两段式收获机进行收获，收获后及时晾晒至荚果含水量10%以下。

参考文献

陈有庆，顾峰玮，吴峰，等，2018. 我国花生机械化收获科技创新概况与发展思考 [J]. 江苏农业科学，46（22）：19-23.

陈有庆，胡志超，王海鸥，等，2012. 我国花生机械化收获制约因素与发展对策 [J]. 中国农机化（4）：14-17，11.

陈中玉，高连兴，Chen Charles，2014. 中美花生收获机械化技术现状与发展分析 [J]. 农业机械学报，48（4）：1-21.

范永强，2014. 现代中国花生栽培 [M]. 济南：山东科学技术出版社.

高连兴，陈中玉，Charles Chen，等，2017. 美国花生收获机械化技术衍变历程及对中国的启示 [J]. 农业工程学报，33（12）：1-9.

高连兴，刘维维，刘志侠，等，2014. 我国花生起收机概念与结构特点分析 [J]. 中国农机化学报，35（4）：63-68.

高连兴，刘维维，王得伟，等，2014. 典型花生收获工艺流程及相关机械术语研究 [J]. 花生学报，43（3）：26-30.

顾峰玮，胡志超，田立佳，等，2010. 我国花生机械化播种概况与发展思路 [J]. 江苏农业科学（3）：462-464.

何志文，王建楠，胡志超，2010. 我国旋耕播种机的发展现状与趋势 [J]. 江苏农业科学（1）：361-363.

胡志超，2013. 半喂入花生联合收获机关键技术研究 [M]. 北京：中国农业出版社.

胡志超，2017. 花生生产机械化关键技术 [M]. 镇江：江苏大学出版社.

胡志超，陈有庆，王海鸥，等，2008.振动筛式花生收获机的设计与试验［J］.农业工程学报，24（10）：114-117.

胡志超，陈有庆，王海鸥，等，2011.我国花生田间机械化生产技术路线［J］.中国农机化（4）：32-37.

胡志超，王海鸥，胡良龙，等，2010.我国花生生产机械化技术［J］.农机化研究（4）：240-243.

胡志超，王海鸥，彭宝良，等，2006.国内外花生收获机械化现状与发展［J］.中国农机化（5）：40-43.

吕小莲，刘敏基，王海鸥，等，2012.花生膜上播种技术及其设备研发进展［J］.中国农机化（1）：89-92，88.

吕小莲，王海鸥，张会娟，等，2012.国内花生机械化收获的现状与研究［J］.农机化研究（6）：245-248.

吕小莲，王海鸥，张会娟，等，2012.花生摘果技术及其设备的现状与分析［J］.湖北农业科学（18）：4116-4117，4125.

山东省花生研究所，1982.中国花生栽培学［M］.上海：上海科学技术出版社.

万书波，张佳蕾，2020.花生单粒精播高产栽培理论与技术［M］.北京：科学出版社.

王伯凯，胡志超，吴努，等，2012.4HZB-2A花生摘果机的设计与试验［J］.中国农机化（1）：111-114.

王伯凯，吴努，胡志超，等，2011.国内外花生收获机械发展历程与发展思路［J］.中国农机化（4）：6-9.

王伯凯，谢焕雄，颜建春，等，2021.花生荚果干燥技术研究现状与发展趋势［J］.智能化农业装备学报（英文版），2（2）：36-42.

王传堂，于树涛，朱立贵，2021.中国高油酸花生［M］.上海：上海科学技术出版社.

王传堂，张建成，2013. 花生遗传改良 ［M］. 上海：上海科学技术出版社.

王嘉麟，谢焕雄，颜建春，等，2019. 花生荚果烘干设备研究现状及展望 ［J］. 江苏农业科学，47（1）：12-16.

王建楠，谢焕雄，胡志超，等，2018. 滚筒凹板筛式花生脱壳机关键部件试验研究及参数优化 ［J］. 江苏农业科学，46（14）：191-196.

谢焕雄，2020. 花生脱壳机械化关键技术研究 ［M］. 北京：中国农业科学技术出版社.

谢焕雄，彭宝良，张会娟，等，2010. 我国花生脱壳技术与设备概况及发展 ［J］. 江苏农业科学（6）：581-582.

薛然，谢焕雄，胡志超，等，2015. 花生荚果分级机械研究现状与发展建议 ［J］. 江苏农业科学，40（9）：426-428.

颜建春，2013. 花生箱式热风干燥特性试验及装备改进研究 ［D］. 江苏：南通大学.

颜建春，吴努，胡志超，等，2012. 花生干燥技术概况与发展 ［J］. 中国农机化（2）：10-13，20.

颜建春，谢焕雄，胡志超，等，2015. 固定床上下换向通风小麦干燥模拟与工艺优化 ［J］. 农业工程学报，31（22）：292-300.

禹山林，2011. 中国花生遗传育种学 ［M］. 上海：上海科学技术出版社.

周德欢，胡志超，于昭洋，等，2017. 花生全喂入摘果装置的应用现状与发展思路 ［J］. 农机化研究，39（2）：246-252.

周曙东，张新友，2022. 中国花生产业技术经济分析 ［M］. 南京：东南大学出版社.

CHEN Y Q，WANG G P，WANG J T, et al., 2022. Adaptabilities of different harvesters to peanut plants after cutting stalks ［J］. International Journal of Agricultural and Biological Engineering, 15 （2）: 93-101.

GARY T ROBERSON, DAVID L JORDAN, 2014. RTK GPS and automatic steering for peanut digging ［J］. Applied Engineering in Agriculture, 30 （3）: 405-409.